암석역학
Rock Mechanics

KB137964

암석역학
Rock Mechanics

저자 강성승·김광염
장보안·조상호

씨아이알

암석역학은 기초과학 분야에서부터 응용기술 분야에 이르기까지 매우 다양한 방면의 내용을 포함하고 있는 암석에 대한 실용적 학문으로서, 인간의 활동 및 산업과 매우 밀접하게 관계된다. 또한 암석역학은 암석의 물성과 변형, 터널 및 사면의 응력분포, 지반침하 해석, 암반 내 지하구조물 설계 등 공학적 문제를 해결하는 데 있어 가장 중요한 학문 분야이기도 하다. 현재 암석역학은 광물, 석유, 가스 등과 같은 에너지자원 산업뿐만 아니라 도로, 터널, 사면 등과 같은 토목건설 산업, 그리고 대규모 지하공간 개발, 고심도 지하연구실 건설, 대심도 광역교통망 개발, 지하 원유 및 천연가스 비축기지 건설, 방사성폐기물 처분장 건설, 신재생에너지 개발 등 그 응용 분야가 지속해서 확대되고 있다. 이것을 반영하듯 암석역학과 관련된 새로운 이론과 해석, 실험 및 설계 방법들이 해마다 증가하고 있다.

이 책은 대학에서 암석역학을 전공하는 전공자나 학생, 암석역학의 응용 분야에 관심이 있는 산업계 실무자들이 암석역학에 대해 쉽게 이해하고 활용할 수 있도록 기초이론과 실험방법들을 다루었으며, 다음과 같이 8개의 장과 부록으로 구성하였다. 제1장에서는 서론, 제2장에서는 응력과 변형률, 모어 원과 주응력, 응력-변형률 관계 등에 대하여 설명하였다. 제3장에서는 암석의 물리적 및 역학적 시험, 암석 내 응력상태, 암석 파괴기준 등 암석의 실내 시험에 대하여, 제4장에서는 지하의 원위치(현지 용어와 비교) 응력 및 측정법에 대하여 다루었다. 제5장에서는 불연속면의 종류와 특성, 평사투영법, 역학적 특성과 시험에 대하여, 제6장에서는 탄성상수, 파괴현상, 응력-체적변형률, 크립현상, 실내 및 현장시험 등 암석의 변형에 대하여 기술하였다. 제7장에서는 암반하중분류, RQD, RSR, RMR, Q-시스템 등 암반분류에 대하여, 그리고 제8장에서는 암반사면의 운동학적 해석 및 한계평형분석, 암반분류에 의한 사면안정해석 등 암반사면의 안정에 대하여 설명하였다. 마지막으로 암석 실내 시험을 위해 필요한 변형률 게이지 부착법과 실내 시험법 및 작성 양식은 부록에 자세히 기술하였다.

끝으로 이 책이 완성되어 나오기까지 인내심을 가지고 물심양면으로 도움을 주신 도서출판 씨아이알의 김성배 사장님과 출판부 직원들께 진심으로 감사드린다.

2023년 2월

암석역학 저자 일동

차례

01

서론

제1장

서론

1.1 정의

암석역학(Rock mechanics)은 암석과 암반에 건설될 구조물을 설계하는 데 사용되는 재료의 변형 및 파괴 등을 다루는 역학의 한 분야로서, 건물 기초, 댐, 암반 사면, 터널, 지하공동, 방사성 폐기물 처분장, 고심도 지하 연구실 및 지하 에너지 저장시설 등의 공학적 구조의 안정성을 밝히는 데 유용한 분야이다. 암석역학은 다루는 학자와 국가에 따라 암반역학, 암체역학, 암의 역학 등 다른 이름으로 불리고 있으나 기본 개념은 같다고 할 수 있다. 예를 들면, 위키백과사전에서 암반역학은 "암반에 관한 공학적인 문제를 취급하는 역학적인 학문으로, 암반을 암석재료뿐만 아니라 절리, 층리, 균열 등과 같은 불연속면을 포함한 하나의 구조체로 생각하고, 암반의 변형, 강도, 응력전달 등의 특성을 역학적으로 취급한다"로 정의하고 있다(https://ko.wikipedia.org/wiki/암반역학). 또한 한국암반공학회(Korean Society for Rock Mechanics and Rock Engineering, KSRM) 정관에 따르면 "암석역학 분야는 암석과 암반의 물리적이고 역학적인 거동과 이러한 지식을 지질작용이나 공학 분야에서 진보된 이해를 하는 데 활용하는 것에 관련되는 모든 연구를 포함한다"로 정의하고 있다.

1.2 암석역학의 역사

암석역학은 1936년 David Grigg의 암석변형에 관한 최초 연구, 1945년 미국의 국립과학아카데미(National Academy of Sciences, NAS)의 암석변형시험위원회 설립, 그리고 1956년 미국 콜로라도 광산대학(Colorado School of Mines)에서 미국 암석역학 심포지엄이 처음으로 개최되면서 이 학문의 정립이 시작되었다(한국암반공학회, 2021). 유럽의 경우, 1951년 오스트리아 지반역학회(The Austrian Society for Geomechanics)에서 처음으로 암석역학

심포지엄이 개최되어 학문 발전의 기초가 마련되었다. 암석역학 분야는 1962년 국제암반공학회(International Society for Rock Mechanics and Rock Engineering, ISRM)가 창립되면서 학문으로서 발전의 큰 틀이 마련되었다. 그 이후 오늘날에는 다양한 국제 및 국내 전문저널 발간, 국제 및 국내 학회 창립, 관련 단체 등장 등 독립적인 학문영역으로 자리매김하였다. 우리나라는 1981년 한국암반역학회를 창립한 이래, 1982년 국제암반공학회 National Group 으로 가입, 1995년 (사)한국암반공학회로 개명한 이후 현재에 이르고 있다. 오늘날의 암석역학은 적절한 부지조사 및 지질학적 부지 특성화, 암석 및 암반의 물성 예측 및 측정, 암반공학 문제의 설계 분석, 암반 내 굴착 메커니즘 이해와 기술 및 장비의 개발, 지보 및 보강, 지하 구조물 거동에 대한 계측 및 역해석 등 다루는 주제가 광범위하고 체계적으로 발전되었다.

1.3 응용 분야

암석역학은 초기에 광물이나 석유 자원을 개발하기 위한 목적으로 이용되다가, 오늘날에는 자원공학, 토목공학, 재료공학, 지질학, 지구물리학 등 다양한 전문 분야로 확대되어 응용되고 있다. 대표적인 응용 분야로는 광물자원 개발과 재래식 에너지자원인 석유 및 가스 개발 분야, 수자원 및 에너지 저장과 개발 분야, 교통 및 수송 분야, 사회공공시설 분야, 식품 및 농수산시설 분야, 군사시설 분야 그리고 주거 및 문화 시설 분야 등을 들 수 있다. 또한 암석역학은 이들 시설의 개발뿐만 아니라 암반 구조물에 대한 타당성 조사, 설계, 시공, 유지관리 및 보수에 이르기까지 다방면에 활용되고 있다. 암석역학을 응용하는 분야와 활용 시설 분야를 정리하면 표 1.1과 같다.

표 1.1 암석역학 응용 및 활용시설 분야 예

응용 분야	활용시설 분야
광물자원 개발	노천 및 갱내 채광 갱도와 채굴법 설계
석유 및 가스 개발	시추공정, 수압파쇄, 석유 및 가스 채광 설계
수자원, 에너지 저장 및 개발	댐, 지하 원유 및 액화가스 저장소, 지하 방사성 폐기물 저장소, 지하발전소, 지열에너지, 지역 냉난방
교통 및 수송	도로 및 철도 터널, 지하철 또는 정거장, 지하 주차장

응용 분야	활용시설 분야
사회공공시설	용수로 터널, 지하 폐·하수로 터널 및 처리장, 송배전 및 통신 케이블 터널, 산업 폐기물 처리장
식품 및 농수산	지하 냉동 및 냉장 저장소
군사시설	전략 미사일 지하기지, 지하 방어시설
주거 및 문화	지하 주택 및 상가, 사무실, 창고, 음악당, 박물관, 스포츠센터

1.4 이 책의 구성

이 책은 암석역학의 응용 분야를 고려하여 대학의 학부과정 교재나 현장 실무자를 위한 기본서로 활용될 수 있도록 다음과 같이 구성되었다.

제1장에서는 서론, 제2장에서는 응력과 변형률, 모어 원과 주응력, 응력-변형률 관계 등에 대하여 설명하였다. 제3장에서는 암석의 물리적 및 역학적 시험, 암석 내 응력상태, 암석 파괴기준 등 암석의 실내 시험에 대하여, 제4장에서는 지하의 현지응력 및 측정법에 대하여 다루었다. 제5장에서는 불연속면의 종류와 특성, 평사투영법, 역학적 특성과 시험에 대하여, 제6장에서는 탄성상수, 파괴현상, 응력-체적변형률, 크립현상, 실내 및 현장시험 등 암석의 변형에 대하여 다루었다. 제7장에서는 암반하중 분류, RQD, RSR, RMR, Q-시스템 등 암반 분류에 대하여, 그리고 제8장에서는 암반사면의 운동학적 해석 및 한계평형분석, 암반분류에 의한 사면안정해석 등 암반사면의 안정에 대하여 설명하였다. 마지막으로 암석 실내 시험을 위해 필요한 변형률 게이지 부착법과 실내 시험법 및 작성 양식은 부록에 자세히 설명하였다.

02

응력과 변형률

제2장
응력과 변형률

2.1 응력

물체에 힘이 작용하면 물체는 이동하거나 회전한다. 그러나 가해진 힘과 크기가 동일하고 방향이 반대인 힘이 작용하는 물체에는 힘의 평형이 이루어져 있으며, 이 물체에는 정지상태에서 변형이 발생한다. 예를 들어, 지표면에 놓여 있으며 부피가 1 m³인 암석 블록을 고려해보자(그림 2.1). 이 암석의 밀도가 2.7 g/cm³이라면 질량은 2,700 kg이다. 이 블록의 바닥에 아래로 작용하고 있는 힘은 2,700 kg × 9.8 m/sec² = 26,460 kg·m/sec² = 26,460 N이고, 지표면에서는 크기가 동일한 힘이 위로 작용하고 있어서 암석 블록은 평형 상태에 있다.

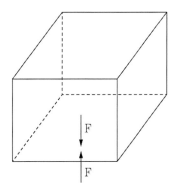

그림 2.1 지표면에 놓인 암석블록에 작용하는 힘

질량의 단위는 kg이 국제 표준단위이나, 영국이나 미국에서는 아직도 파운드(pound, lb)가 사용되고 있으며, 1 pound는 0.4536 kg이다. 힘은 질량에 가속도를 곱하면 구할 수 있고, 지구상에서 정지 상태의 물체에 작용하고 있는 가속도는 중력가속도로 g = 9.8 m/sec²이다. 암석역학에서 주로 쓰이는 힘의 단위는 Newton으로 kg·m/sec²이고, N으로 표시한다. 예를

들어, 질량이 1 kg인 물체가 지표면에 놓여 있다면, 이 물체가 지표면에 작용하는 힘은 1 kg $\times$ 9.8 m/sec^2 = 9.8 kg $\cdot$ m/sec^2 = 9.8 N이 된다. 파운드도 힘의 단위로 사용되기도 하며, 기호는 lbf로 표시한다. 1 lbf는 약 4.44 N이다.

그림 2.2와 같이 평면에 작용하고 있는 힘을 F라 하자. 힘 F는 평면에 수직으로 작용하거나 평행하게 작용할 수도 있으나, 경사진 방향으로 작용할 수도 있다. 평면에 경사지게 작용하는 힘 F는 벡터이므로, 평면에 수직한 성분 F_n과 평면에 평행하게 작용하는 힘 F_t로 분해할 수 있다. 평면에 수직한 힘 F_n은 물체의 길이를 줄어들게 할 것이고, 평면에 평행하게 작용하는 힘 F_t는 물체의 형태를 변형시킬 것이다. 응력(stress)은 작용하고 있는 힘을 면적으로 나누어 준 것으로, 단위면적당 힘으로 정의된다. 응력은 작용면에 수직으로 작용하는 수직응력(normal stress)과 작용면과 평행하게 작용하는 전단응력(shear stress)만 존재하고, 작용면에 경사지게 작용하는 응력은 존재하지 않는다. 그림 2.2에서 작용하고 있는 평면의 면적이 A이고, 힘 F가 물체의 면에 경사지게 작용하고 있으면, 이 면에 작용하는 수직응력 σ와 전단응력 τ는 식 (2.1)과 (2.2)로 구할 수 있다.

$$\frac{F_n}{A} = \sigma \ : \ \text{수직응력} \tag{2.1}$$

$$\frac{F_t}{A} = \tau \ : \ \text{전단응력} \tag{2.2}$$

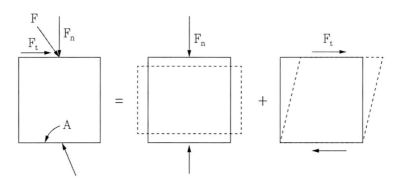

그림 2.2 미소요소에 작용하는 힘과 힘의 분해

응력은 단위면적당 힘으로 정의되므로, 국제표준인 응력의 단위는 N/m^2이다. N/m^2는 Pascal로 불리며 기호로는 Pa로 나타낸다. 1 Pa은 1 m^2 면적에 약 100 g의 질량을 가진 물체가 작용하는 힘으로 매우 약한 응력이다. Pa를 암석역학에 적용하기에는 매우 약하므로, Pa의 10^3배인 kilo Pascal(kPa), 10^6 Pa인 Mega Pascal(MPa) 혹은 10^9 Pa인 Giga Pascal (GPa)이 주로 사용된다. 과거에는 기압(bar)의 단위가 응력의 단위로 사용되기도 하였으며, 아직까지 현장에서는 kg/cm^2가 응력의 단위로 사용되기도 한다. 이 단위는 단위면적당 질량으로 엄밀히 말하면 응력의 단위가 아니나, 1 kg의 질량에 중력가속도를 곱하여 응력을 구하면 0.1 MPa과 거의 동일하다. 미국과 영국에서는 psi라는 응력의 단위가 아직까지 사용되고 있으며, psi는 pound per square inches(lbf/in^2)의 약자이다.

예제 1

1 psi를 Pa 단위로, 1 MPa를 psi 단위로 나타내어라.

풀이

$$1 \text{ psi} = 1 \text{ lb/in}^2 = \frac{0.453 \text{ kg} \times 9.8 \text{ m/sec}^2}{2.54^2 \times 10^{-4} \text{ m}^2} = 0.688 \times 10^4 \text{ Pa} = 6.88 \text{ kPa}$$

$$1 \text{ MPa} = 1 \times 10^6 \text{ Pa} / 6880 \text{ Pa} = 145.3 \text{ psi}$$

물체에 수직응력이 작용하면 물체는 줄어들거나 늘어난다. 물체를 줄어들게 만드는 응력을 압축응력(compression)이라 하고, 물체를 늘어나게 만드는 응력을 인장응력(tension)이라 한다. 암석역학에서 작용하는 응력은 대부분이 압축응력이므로 압축응력을 양으로(+) 정의하였고, 인장응력을 음으로(−) 정의하였다(그림 2.3a). 전단응력의 부호는 전단응력의 방향을 나타내어 시계방향으로 회전하는 전단응력을 양으로(+), 시계 반대 방향으로 회전하는 응력을 음으로(−) 정의하였다(그림 2.3b).

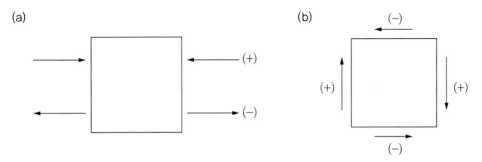

그림 2.3 수직응력과 전단응력의 부호

그림 2.4와 같은 좌표축에 임의의 방향으로 힘 F가 작용하고 있으면, 힘 F는 x축과 평행한 성분 F_x, y축과 평행한 성분 F_y 그리고 z축과 평행한 성분 F_z로 분해할 수 있다(그림 2.4a). F_x는 yz축이 이루는 평면에 수직이므로 이 평면에 수직응력으로 작용하고, F_y와 F_z는 이 평면에 평행하게 작용하여 전단응력이 된다. 힘 F_x에 의한 응력은 x축에 수직인 면에 x축과 평행하게 작용하는 수직응력이므로 σ_{xx}라 명명된다(그림 2.4b). 힘 F_y에 의한 응력은 x축에 수직인 면에 y축과 평행하게 작용하는 전단응력이므로 τ_{xy}가 되고, 힘 F_z에 의한 응력은 x축에 수직인 면에 z축과 평행하게 작용하는 전단응력이므로 τ_{xz}가 된다. 응력의 첫 번째 아래 첨자는 응력이 작용하는 면에 수직인 축의 방향을 나타내고, 두 번째 아래 첨자는 응력이 작용하는 방향을 지시한다. σ_{xx}의 경우에는 아래 첨자에 동일한 기호가 중복되므로 두 개의 동일한 아래 첨자 대신에 하나의 아래 첨자만 사용하여 σ_x로 쓰는 것이 일반적이다.

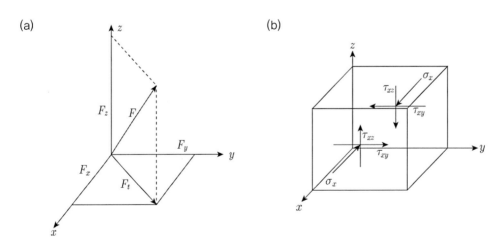

그림 2.4 힘의 3차원 분해와 응력의 분석

xz 평면에 작용하는 응력은 σ_y, τ_{yx}, τ_{yz}가 있고, xy 평면에는 σ_z, τ_{zx}, τ_{zy}가 작용한다. 그러므로 3차원의 응력 상태는 그림 2.5와 같고 식 (2.3)과 같이 9개의 성분으로 나타낼 수 있다.

$$\begin{Bmatrix} \sigma_x \ \tau_{xy} \ \tau_{xz} \\ \tau_{yx} \ \sigma_y \ \tau_{yz} \\ \tau_{zx} \ \tau_{zy} \ \sigma_z \end{Bmatrix} \tag{2.3}$$

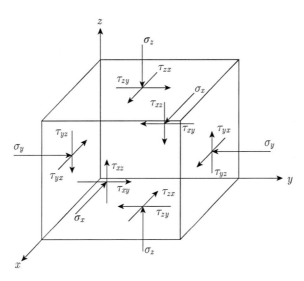

그림 2.5 3차원 응력 분석

그림 2.5의 요소(element)는 회전에 대하여 평형을 이루고 있으며, 요소의 회전 평형은 모멘트를 이용하여 구할 수 있다. 미소요소의 z축에 대한 회전 평형을 고려하기 위하여 z축에 직각인 면을 고려해보면, 작용하고 있는 응력은 그림 2.6과 같다. σ_x는 x축에 수직인 면에 균등하게 작용하여 있으므로, 미소요소에 어떠한 회전도 발생시키지 않으며, σ_y도 마찬가지 이다. 그러나 τ_{xy}는 시계 방향의 회전을 발생시키는 반면에 τ_{yx}는 반시계 방향의 회전을 유발한다. 미소요소가 회전에 대한 평형을 이루고 있다면, 작용하고 있는 모멘트의 상태는 식 (2.4)와 같다.

$$(\tau_{xy} \cdot L \cdot 1) \cdot \frac{L}{2} \cdot 2 = (\tau_{yx} \cdot L \cdot 1) \cdot \frac{L}{2} \cdot 2 \qquad (2.4)$$

$$\therefore \tau_{xy} = \tau_{yx} \qquad (2.5)$$

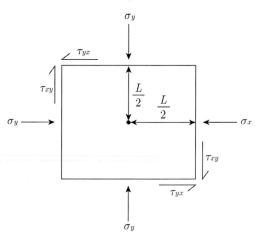

그림 2.6 요소의 회전 평형 분석

y축에 대한 회전 평형을 고려하면 $\tau_{xz} = \tau_{zx}$이고, x축에 대한 회전 평형을 고려하면 $\tau_{yz} = \tau_{zy}$이다. 이와 같이 물체의 회전 평형을 고려하면, σ_x, σ_y, σ_z, τ_{xy}, τ_{yz}, τ_{zx}의 6개 응력 성분으로 3차원의 응력상태를 파악할 수 있다.

2.2 응력의 변환

물체에 외력이 작용하여 발생하는 물체의 변형을 분석하기 위해서는 물체에 작용하고 있는 응력을 분석하여야 한다. 응력을 분석하기 위해서는 먼저 물체 내에 좌표축을 설정한 다음, 이 좌표축에 따른 응력을 계산한다. 2차원 직각좌표계에서는 그림 2.7과 같이 각각의 좌표축에 직각인 면에 작용하는 응력 σ_x, σ_y, τ_{xy} 그리고 τ_{yx}가 분포한다. 이러한 응력 상태의 물체 내에서 각각의 좌표축에 직각이 아닌 임의의 면에 작용하는 응력을 구하기 위해서는 응력의 변환이 사용된다. 그림 2.7b와 같이 y축과 θ의 각을 이루는 면 AB에 작용하는 수직응력을 σ, 전단응력을 τ라 하자. 미소 삼각형 AOB는 힘이 평형을 이룬 물체 내에 분포하고 있으므로,

미소 삼각형 또한 힘의 평형을 이루고 있다.

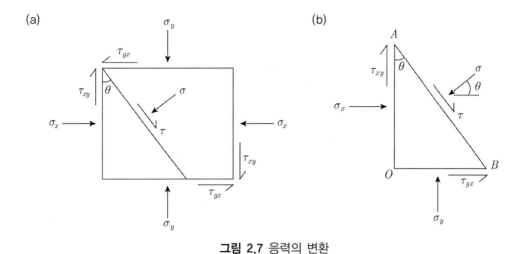

그림 2.7 응력의 변환

x방향의 힘의 평형을 보면,

$$\sigma_x\overline{OA} + \tau_{yx}\overline{OB} = \sigma\overline{AB}\cos\theta - \tau\overline{AB}\sin\theta \tag{2.6}$$

이며, 그림 2.7에서

$$\frac{\overline{OA}}{\overline{AB}} = \cos\theta, \quad \frac{\overline{OB}}{\overline{AB}} = \sin\theta$$

이다. 식 (2.6)의 양변을 $\overline{AB}$로 나누면,

$$\sigma_x\cos\theta + \tau_{yx}\sin\theta = \sigma\cos\theta - \tau\sin\theta \tag{2.7}$$

과 같다.

　y방향의 힘의 평형을 보면,

$$\sigma_y \overline{OB} + \tau_{xy} \overline{OA} = \sigma \overline{AB} \sin\theta + \tau \overline{AB} \cos\theta \tag{2.8}$$

이며, 양변을 $\overline{AB}$로 나누면,

$$\sigma_y \sin\theta + \tau_{xy} \cos\theta = \sigma \sin\theta + \tau \cos\theta \tag{2.9}$$

이다. 식 (2.7)에 $\cos\theta$를 곱하고 식 (2.9)에 $\sin\theta$를 곱한 후, 두 식의 양쪽 변을 더하면,

$$\sigma_x \cos^2\theta + \sigma_y \sin^2\theta + \tau_{yx} \sin\theta\cos\theta + \tau_{xy} \cos\theta\sin\theta = \sigma(\cos^2\theta + \sin^2\theta) \tag{2.10}$$

이 된다. 식 (2.5)에 의하여 $\tau_{xy} = \tau_{yx}$이므로, 식 (2.10)은

$$\sigma = \sigma_x \cos^2\theta + \sigma_y \sin^2\theta + 2\tau_{xy} \cos\theta\sin\theta \tag{2.11}$$

이다. 삼각함수의 2배각 공식에 의하여 $2\cos\theta\sin\theta = \sin 2\theta$이므로 식 (2.11)은 다음과 같다.

$$\sigma = \sigma_x \cos^2\theta + \sigma_y \sin^2\theta + \tau_{xy} \sin 2\theta \tag{2.12}$$

식 (2.7)에 $\sin\theta$를 곱하고 식 (2.9)에 $\cos\theta$를 곱한 후, 두 식의 양쪽 변을 빼주면,

$$\sigma_x \cos\theta\sin\theta - \sigma_y \sin\theta\cos\theta + \tau_{xy}(\sin^2\theta - \cos^2\theta) = -\tau(\sin^2\theta + \cos^2\theta) \tag{2.13}$$

이다. 삼각함수 공식 $2\cos\theta\sin\theta = \sin 2\theta$, $\cos^2\theta = \dfrac{1}{2}(1 + \cos 2\theta)$ 그리고 $\sin^2\theta = \dfrac{1}{2}(1 - \cos 2\theta)$를 적용하면, 식 (2.13)은

$$\frac{1}{2}(\sigma_x - \sigma_y)\sin2\theta - \tau_{xy}\cos2\theta = -\tau$$

되고, 최종적으로 식 (2.14)와 같다.

$$\tau = -\frac{1}{2}(\sigma_x - \sigma_y)\sin2\theta + \tau_{xy}\cos2\theta \qquad (2.14)$$

그러므로 σ_x, σ_y, τ_{xy}가 작용하고 있는 물체에서 임의의 방향으로 작용하는 수직응력과 전단응력은 식 (2.12)와 식 (2.14)를 이용하여 구할 수 있다. 그림 2.7b에서 면 AB는 y축과 $\theta°$를 이루고 있으며, 동시에 면 AB에 작용하는 수직응력 σ는 σ_x가 반시계 방향으로 θ만큼 회전한 상태이다. 일반적으로 응력의 변환을 다룰 때, 면이 좌표축과 이루는 각도보다는 그 면에 작용하는 수직응력(σ)의 방향이 기준 수직응력(σ_x)과 이루는 각도(θ)를 이용하는 것이 편리하다. 일반적으로 σ가 기준 수직응력으로부터 반시계 방향으로 θ회전하였을 때 양(+)의 각도로 표시하고, 시계 방향으로 회전하였을 경우에는 음(−)의 각도로 표시한다.

2.3 모어 원

2.2절에서는 임의 방향의 면에 작용하는 수직응력과 전단응력을 계산식을 이용하여 구하는 방법에 대하여 설명하였으나, 모어 원(Mohr circle)을 이용하면 도식적 방법으로 구할 수 있어서 편리하다. 모어 원을 이용하여 2.2절의 면 AB에 작용하는 수직응력과 전단응력을 구하는 방법은 다음과 같다(그림 2.8).

(1) 가로축을 σ로, 세로축을 τ로 하는 좌표축을 설정한다.
(2) 이 좌표축에 그림 2.7의 (σ_x, τ_{xy})와 $(\sigma_y, -\tau_{xy})$의 두 점을 표시한다.
(3) 두 점을 직선으로 연결한 후, 이 연결선을 지름으로 하는 원을 그린다.
(4) 2.2절의 수직응력의 회전 방향과 반대 방향으로 (σ_x, τ_{xy})를 원주를 따라 2θ만큼 회전한다.

(5) 이 점의 좌표가 응력 변환 후의 수직응력과 전단응력 (σ, τ)이다.

선은 점들이 모여서 이루어지고, 모어 원 또한 마찬가지다. 모어 원의 원주를 구성하는 각각의 점들은 (σ_x, τ_{xy})가 변환된 응력의 크기를 나타낸다. 예를 들면, 그림 2.8의 모어 원에서 (σ_x, τ_{xy})가 시계 방향으로 10° 회전한 점의 (σ, τ) 값은 그림 2.7에서 (σ_x, τ_{xy})가 작용하는 면이 반시계 방향으로 5° 회전한 면에 작용하는 (σ, τ) 값을 나타낸다.

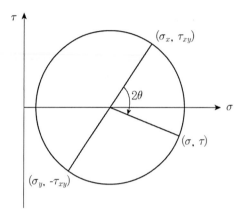

그림 2.8 응력의 변환을 나타내는 모어 원

2.4 주응력

임의의 면에 수직응력만 작용하고 있고 전단응력이 없으면, 이 수직응력을 주응력(principal stress)이라 한다. 그림 2.7과 같이 σ_x, σ_y, τ_{xy}가 작용하고 있는 미소요소에서 y축과 $\theta°$ 회전한 면에 작용하는 수직응력 σ와 전단응력 τ는 다음 식과 같다.

$$\sigma = \sigma_x \cos^2\theta + \sigma_y \sin^2\theta + 2\tau_{xy}\cos\theta\sin\theta$$

$$\tau = -\frac{1}{2}(\sigma_x - \sigma_y)\sin 2\theta + \tau_{xy}\cos 2\theta$$

여기서 구한 수직응력과 전단응력은 θ의 함수이므로 θ에 따라 크기가 결정된다. 이 면에 작용하는 전단응력이 영(0)일 때의 방향인 θ는 다음과 같이 구할 수 있다.

$$0 = -\frac{1}{2}(\sigma_x - \sigma_y)\sin 2\theta + \tau_{xy}\cos 2\theta$$

$$\frac{1}{2}(\sigma_x - \sigma_y)\sin 2\theta = \tau_{xy}\cos 2\theta$$

$$\tan 2\theta = \frac{2\tau_{xy}}{\sigma_x - \sigma_y}$$

$$\theta = \frac{1}{2}\tan^{-1}\frac{2\tau_{xy}}{\sigma_x - \sigma_y} \tag{2.15}$$

θ가 식 (2.15)의 관계를 만족할 때, 이 면에 작용하는 수직응력은 주응력이 되고 식 (2.15)를 식 (2.12)에 대입하면 두 개의 주응력 σ_1과 σ_2는 다음 식과 같다.

$$\sigma_1 = \frac{\sigma_x + \sigma_y}{2} + \sqrt{\frac{(\sigma_x - \sigma_y)^2}{4} + \tau_{xy}^2} \tag{2.16}$$

$$\sigma_2 = \frac{\sigma_x + \sigma_y}{2} - \sqrt{\frac{(\sigma_x - \sigma_y)^2}{4} + \tau_{xy}^2} \tag{2.17}$$

이 주응력은 모어 원을 이용하면 더욱 이해하기 쉽게 구할 수 있다. σ_x, σ_y, τ_{xy}가 작용하고 있는 미소요소를 나타내는 모어 원은 그림 2.9와 같고, 주응력 σ_1과 σ_2는 가로축 위에 있다. 이 모어 원의 중심과 원의 반지름은 식 (2.18), (2.19)와 같다.

$$\text{원의 중심} : \sigma_y + \frac{\sigma_x - \sigma_y}{2} = \frac{\sigma_x + \sigma_y}{2} \tag{2.18}$$

$$\text{원의 반지름} : \left[\left(\sigma_x - \frac{\sigma_x + \sigma_y}{2}\right)^2 + \tau_{xy}^2\right]^{1/2} = \sqrt{\frac{(\sigma_x - \sigma_y)^2}{4} + \tau_{xy}^2} \tag{2.19}$$

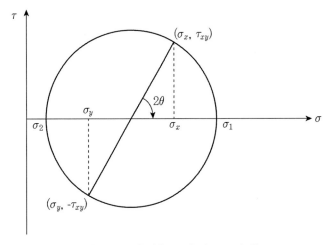

그림 2.9 주응력을 보여주는 모어 원

σ_1의 크기는 (원의 중심+반지름)인 반면에 σ_2는 (원의 중심−반지름)이다. 그러므로

$$\sigma_1 = \frac{\sigma_x + \sigma_y}{2} + \sqrt{\frac{(\sigma_x - \sigma_y)^2}{4} + \tau_{xy}^2} \qquad (2.20)$$

$$\sigma_2 = \frac{\sigma_x + \sigma_y}{2} - \sqrt{\frac{(\sigma_x - \sigma_y)^2}{4} + \tau_{xy}^2} \qquad (2.21)$$

이다. 또한 σ_x와 σ_1의 사이각이 2θ이면

$$\tan 2\theta = \frac{\tau_{xy}}{(\sigma_x - \sigma_y)/2} = \frac{2\tau_{xy}}{\sigma_x - \sigma_y} \qquad (2.22)$$

이다.

예제 2

물체에 작용하는 응력의 상태는 σ_x = 10 MPa, σ_y = 6 MPa, τ_{xy} = 4 MPa이다. 이 물체 내의 어떤 면에 작용하는 수직응력이 x축과 45°를 이룰 때, 이 면에 작용하는 수직응력과 전단응력을 (1) 응력의 변환식을 이용하여 구하라. (2) 모어 원을 이용하여 구하라. (3) 주응력의 크기 및 방향을 구하라.

풀이

문제의 응력 상태를 그림으로 나타내면 다음과 같다.

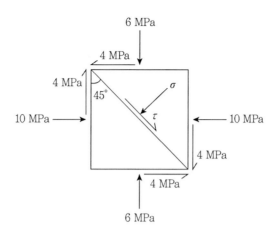

(1) $\sigma = \sigma_x \cos^2\theta + \sigma_y \sin^2\theta + \tau_{xy}\sin 2\theta$

$\qquad = 10\left(\dfrac{1}{\sqrt{2}}\right)^2 + 6\left(\dfrac{1}{\sqrt{2}}\right)^2 + 4(1)$

$\qquad = 5 + 3 + 4 = 12.0 \, \mathrm{MPa}$

$\quad \tau = -\dfrac{(\sigma_x - \sigma_y)}{2}\sin 2\theta + \tau_{xy}\cos 2\theta$

$\qquad = -\dfrac{(10-6)}{2}(1) + 4(0) = -2.0 \, \mathrm{MPa}$

(2)

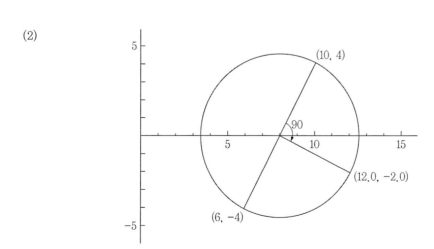

(3) $\sigma_{1,2} = \dfrac{\sigma_x + \sigma_y}{2} \pm \sqrt{\dfrac{(\sigma_x - \sigma_y)^2}{4} + \tau_{xy}^2}$

$\qquad = \dfrac{(10+6)}{2} \pm \sqrt{\dfrac{(10-6)^2}{4} + 4^2} = 8 \pm \sqrt{20} = 8 \pm 4.5 \,\mathrm{MPa}$

$\quad \sigma_1 = 12.5 \,\mathrm{MPa}$

$\quad \sigma_2 = 3.5 \,\mathrm{MPa}$

$\quad \tan 2\theta = \dfrac{2 \cdot 4}{(10-6)} = 2$

$\quad \theta = 31.7°, \ -58.2°$

$\quad$: σ_1의 방향은 x축에서 $+31.7°$ 방향

$\qquad \sigma_2$의 방향은 x축에서 $-52.8°$ 방향

2.5 변형률

응력이 작용하면 물체에는 길이가 변하거나 모양이 변하는 변형이 발생한다. 변화된 길이를 원래의 길이로 나누어준 것을 수직변형률(normal strain)이라 하고, 각의 변화율을 전단변형률(shear strain)이라 한다. 수직변형률은 ε으로 나타내고 전단변형률은 γ로 표시한다. 그림 2.10과 같이 원래의 길이가 L인 물체에 인장응력이 작용하여 길이가 ΔL만큼 길어졌을 때 수직변형률은

$$\varepsilon = -\frac{\Delta L}{L} = -\frac{(\text{길이의 변화량})}{(\text{초기 길이})} \qquad (2.23)$$

가 된다. 수직변형률은 길이를 길이로 나누어주므로 단위가 없다. 일반적으로 암석에서의 수직변형률은 매우 작아서 10^{-6} 단위로 나타난다. 그러므로 10^{-6}을 $\mu\varepsilon$(microstrain)으로 표시하기도 한다. 2.1절에서 압축응력이 양(+)으로 정의되었으므로, 변형률에서도 수축 수직변형률이 양(+)으로 정의되고, 팽창 수직변형률은 음(−)으로 정의된다.

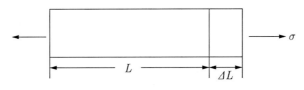

그림 2.10 1차원 수직변형률

　그림 2.11과 같은 xy평면에 있는 직사각형 ORQP는 응력을 받은 후에는 O′R′Q′P′으로 변형되었다. 응력이 작용하여 변형이 발생하기 전 직사각형의 x방향 길이는 $\overline{OP}$, y방향 길이는 $\overline{OR}$이다. 그러나 응력이 작용하여 변형이 발생한 이후에는 $\overline{OP}$가 $\overline{O'P'}$로, $\overline{OR}$은 $\overline{O'R'}$으로 변형되었다. 이때 x방향 및 y방향으로 발생한 수직변형률은

$$\varepsilon_x = -\frac{\overline{O'P'} - \overline{OP}}{\overline{OP}} \tag{2.24}$$

$$\varepsilon_y = -\frac{\overline{O'R'} - \overline{OR}}{\overline{OR}} \tag{2.25}$$

이다. 여기서 P''은 P'을 x축에 투영한 점이고, R''은 R'을 y축에 투영한 점이다. 전단변형률은 $\gamma_{xy} = \phi_1 + \phi_2$로 정의된다.

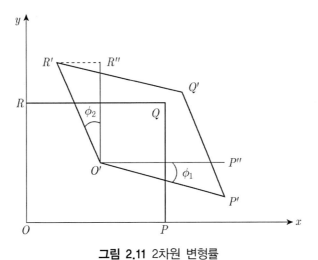

그림 2.11 2차원 변형률

2.6 변형률의 변환

그림 2.7과 같이 σ_x, σ_y, τ_{xy}가 작용하고 있는 미소요소에 발생한 x방향의 수직변형률을 ε_x, y방향의 수직변형률을 ε_y 그리고 전단변형률을 γ_{xy}이라 하자. 이때 x방향에서 반시계 방향으로 $\theta°$회전한 방향의 수직변형률 및 전단변형률은 다음의 변형률 변환을 이용하여 구할 수 있다.

$$\varepsilon = \varepsilon_x \cos^2\theta + \varepsilon_y \sin^2\theta + \frac{1}{2}\gamma_{xy}\sin 2\theta \qquad (2.26)$$

$$\frac{1}{2}\gamma = -\frac{\varepsilon_x - \varepsilon_y}{2}\sin 2\theta + \frac{1}{2}\gamma_{xy}\cos 2\theta \qquad (2.27)$$

식 (2.26)과 식 (2.27)은 응력의 변환 식 (2.12)와 식 (2.14)와 매우 유사하여, σ 자리에 ε을, 그리고 τ 자리에 $\frac{1}{2}\gamma$를 대입하여 구하였음을 알 수 있다.

2.7 모어 원과 주 변형률

변형률의 모어 원 또한 응력의 모어 원과 동일한 방법으로 그릴 수 있으며, σ 대신에 ε을, τ 자리에 $\frac{1}{2}\gamma$를 대입하면 된다. ε_x, ε_y 그리고 γ_{xy}가 주어지면, $(\varepsilon_x, \frac{1}{2}\gamma_{xy})$와 $(\varepsilon_y, -\frac{1}{2}\gamma_{xy})$ 좌표를 이용하여 응력의 모어 원 방법과 동일하게 모어 원을 그린다. 이후 $(\varepsilon_x, \frac{1}{2}\gamma_{xy})$ 좌표를 시계 방향으로 $2\theta°$회전하면, x축에서 반시계 방향으로 $\theta°$ 회전한 방향의 수직변형률과 전단변형률, 즉 $(\varepsilon, \frac{1}{2}\gamma)$의 좌표값을 나타낸다.

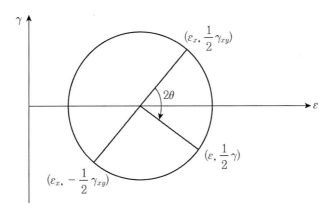

2.12 변형률 변환을 보여주는 모어 원

모어 원이 ε를 나타내는 가로축과 만나는 지점은 수직변형률만 있고 전단변형률이 0이므로, 이 수직변형률은 주변형률이다(그림 2.13). 2.4절의 주응력과 마찬가지로 원의 중심과 원의 반지름은 식 (2.28), 식 (2.29)와 같다.

$$\text{원의 중심} = \frac{\varepsilon_x - \varepsilon_y}{2} \tag{2.28}$$

$$\text{원의 반지름} = \left[\left(\varepsilon_x - \frac{\varepsilon_x + \varepsilon_y}{2} \right) + \left(\frac{\gamma_{xy}}{2} \right)^2 \right]^{1/2} = \sqrt{\frac{(\varepsilon_x - \varepsilon_y)^2}{4} + \frac{\gamma_{xy}^2}{4}} \tag{2.29}$$

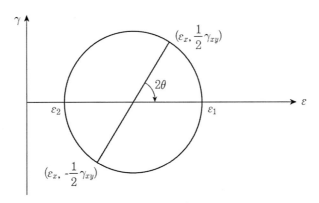

그림 2.13 주변형률을 보여주는 모어 원

ε_1의 크기는 (원의 중심+반지름)인 반면에 ε_2는 (원의 중심−반지름)이고, $(\varepsilon_x, \frac{1}{2}\gamma_{xy})$ 좌표

가 주변형률이 이루는 각도 θ는 다음과 같다.

$$\varepsilon_1 = \frac{\varepsilon_x + \varepsilon_y}{2} + \sqrt{\frac{(\varepsilon_x - \varepsilon_y)^2}{4} + \frac{\gamma_{xy}^2}{4}} \qquad (2.30)$$

$$\varepsilon_2 = \frac{\varepsilon_x + \varepsilon_y}{2} - \sqrt{\frac{(\varepsilon_x - \varepsilon_y)^2}{4} + \frac{\gamma_{xy}^2}{4}} \qquad (2.31)$$

$$\tan 2\theta = \frac{\gamma_{xy}/2}{(\varepsilon_x - \varepsilon_y)/2} = \frac{\gamma_{xy}}{\varepsilon_x - \varepsilon_y} \qquad (2.32)$$

예제 3

물체에 힘이 가해진 결과로 발생한 변형률은 ε_x = 100×10⁻⁶, ε_y = 40×10⁻⁶ 그리고 γ_{xy} = 40×10⁻⁶이다. x축과 θ = 60° 방향의 (1) 수직변형률과 전단변형률을 변형률 변환식으로 구하고, (2) 모어 원을 이용하여 구하고, (3) 주변형률의 크기와 방향을 구하라.

풀이

(1) $\varepsilon = (100 \cdot \cos^2 60 + 40 \cdot \sin^2 60 + \frac{1}{2} 40 \cdot \sin 120) \times 10^{-6}$

$= (100 \cdot \frac{1}{4} + 40 \cdot \frac{3}{4} + 20 \cdot \frac{\sqrt{3}}{2}) \times 10^{-6}$

$= (55 + 10\sqrt{3}) \times 10^{-6} = 72.3 \times 10^{-6}$

$\frac{1}{2}\gamma = (-\frac{1}{2}(100-40) \cdot \sin 120 + \frac{1}{2} 40 \cdot \cos 120) \times 10^{-6}$

$= (-15\sqrt{3} - 10) \times 10^{-6} = -36 \times 10^{-6}$

(2)

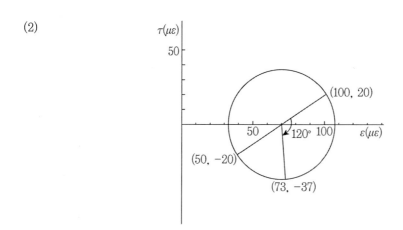

(3) $\varepsilon_{1,2} = \dfrac{\varepsilon_x + \varepsilon_y}{2} \pm \sqrt{\dfrac{1}{4}(\varepsilon_x - \varepsilon_y)^2 + \dfrac{1}{4}\gamma_{xy}^2}$

$\varepsilon_1 = (\dfrac{100+40}{2} + \sqrt{\dfrac{1}{4}(100-40)^2 + \dfrac{1}{4}40^2}\ ) \times 10^{-6}$

$\quad = (70 + 36) \times 10^{-6} = 106 \times 10^{-6}$

$\varepsilon_2 = (70 - 36) \times 10^{-6} = 34 \times 10^{-6}$

$\tan 2\theta = \dfrac{40}{100-40} = \dfrac{2}{3}$

$2\theta = 33.7 \qquad \theta = 16.8$

2.8 변형률의 측정

변형률의 측정에는 여러 가지 방법이 있으나 전기저항 변형률 게이지(electric resistance strain gage)를 사용하는 방법이 가장 일반적이다.

전기저항 변형률 게이지는 그림 2.14와 같이 가는 전선을 얇은 플라스틱 판 위에 부착한 형태이고, 에폭시를 이용하여 게이지를 측정하고자 하는 물체에 완전히 부착한다.

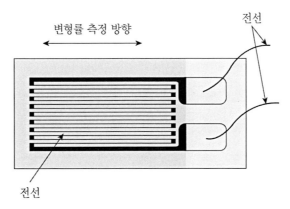

2.14 일축 전기저항 변형률 게이지

게이지가 부착된 물체에 압축응력이 가해지면 변형률 게이지의 전선들은 굵어져서 저항이 감소하고, 인장응력이 가해지면 전선이 가늘어져서 저항이 증가하게 된다. 저항의 변화는

그림 2.15와 같은 휘트스톤 브리지(wheatstone bridge)를 이용하여 측정되며, 이미 값이 알려진 3개의 저항 R_1, R_2 및 R_3와 1개의 변형률 게이지를 연결하고 저항 사이의 전위차(voltage difference)를 구하면 변형률이 측정된다.

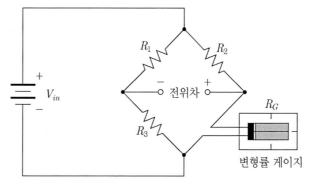

그림 2.15 변형률 측정을 위한 휘트스톤 브리지

변형률 게이지는 저항이 120 Ω인 게이지와 350 Ω인 게이지의 2종류가 일반적이며, 변형률 게이지는 전기저항 전선의 방향과 동일한 방향의 수직변형률만 측정이 가능하다.

그림 2.14의 변형률 게이지를 서로 다른 방향으로 3개 합쳐 놓은 것을 로젯 변형률 게이지(strain gage rosette)라 한다(그림 2.16). 로젯 변형률 게이지를 이용하면 한 평면에서 3방향의 수직변형률이 측정되고, 3방향의 수직변형률을 분석하면 이 평면의 완전한 2차원 변형률을 분석할 수 있다. 로젯 변형률 게이지에는 각각의 변형률 게이지 사이의 각도가 45°인 것과 60°인 두 종류의 게이지가 있다. 그림 2.16에서 3방향의 변형률 게이지가 x축과 이루는 각도가 각각 θ_a, θ_b, θ_c일 때, 각 방향의 변형률 게이지를 이용하여 측정한 세 방향의 수직변형률은 식 (2.33)과 같다.

$$\varepsilon_a = \varepsilon_x \cos^2\theta_a + \varepsilon_y \sin^2\theta_a + \frac{1}{2}\gamma_{xy}\sin2\theta_a \qquad (2.33)$$
$$\varepsilon_b = \varepsilon_x \cos^2\theta_b + \varepsilon_y \sin^2\theta_b + \frac{1}{2}\gamma_{xy}\sin2\theta_b$$
$$\varepsilon_c = \varepsilon_x \cos^2\theta_c + \varepsilon_y \sin^2\theta_c + \frac{1}{2}\gamma_{xy}\sin2\theta_c$$

45° 로젯 변형률 게이지인 경우에는 (ε_a와 ε_b 사이의 각) = (ε_b와 ε_c 사이의 각) = 45°이다(그림 2.16). ε_a의 방향을 x축과 일치시키면 θ_a= 0°, θ_b= 45° 그리고 θ_c= 90°가 되고, 식 (2.33)은 식 (2.34)와 같이 된다.

$$\varepsilon_a = \varepsilon_x \tag{2.34}$$
$$\varepsilon_b = \frac{1}{2}\varepsilon_x + \frac{1}{2}\varepsilon_y + \frac{1}{2}\gamma_{xy}$$
$$\varepsilon_c = \varepsilon_y$$

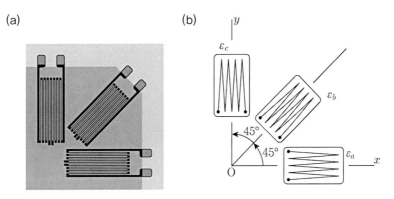

그림 2.16 45° 로젯 변형률 게이지

식 (2.34)를 정리하면,

$$\varepsilon_x = \varepsilon_a \tag{2.35}$$
$$\varepsilon_y = \varepsilon_c$$
$$\gamma_{xy} = 2\varepsilon_b - \varepsilon_a - \varepsilon_c$$

이 되어 xy 평면의 완전한 변형률을 구할 수 있다.

60° 로젯 변형률 게이지인 경우에는 (ε_a와 ε_b 사이의 각) = (ε_b와 ε_c 사이의 각) = 60°이다(그림 2.17). ε_a의 방향을 x축과 일치시키면 $\theta_a = 0°$, $\theta_b = 60°$ 그리고 $\theta_c = 120°$가 되고 식 (2.33)은 식 (2.36)과 같이 된다.

$$\varepsilon_a = \varepsilon_x \tag{2.36}$$
$$\varepsilon_b = \varepsilon_x \cos^2 60 + \varepsilon_y \sin^2 60 + \frac{1}{2}\gamma_{xy}\sin 120$$
$$= \frac{1}{4}\varepsilon_x + \frac{3}{4}\varepsilon_y + \frac{\sqrt{3}}{4}\gamma_{xy}$$
$$\varepsilon_c = \varepsilon_x \cos^2 120 + \varepsilon_y \sin^2 120 + \frac{1}{2}\gamma_{xy}\sin 240$$
$$= \frac{1}{4}\varepsilon_x + \frac{3}{4}\varepsilon_y - \frac{\sqrt{3}}{4}\gamma_{xy}$$

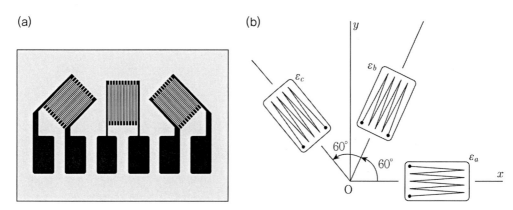

그림 2.17 60° 로젯 변형률 게이지

$$\varepsilon_a = \varepsilon_x \qquad (2.37)$$
$$4\varepsilon_b = \varepsilon_x + 3\varepsilon_y + \sqrt{3}\,\gamma_{xy}$$
$$4\varepsilon_c = \varepsilon_x + 3\varepsilon_y - \sqrt{3}\,\gamma_{xy}$$

식 (2.37)의 두 번째 식과 세 번째 식의 양변을 더하면,

$$4\varepsilon_b + 4\varepsilon_c = 2\varepsilon_x + 6\varepsilon_y \qquad (2.38)$$

$$\therefore \varepsilon_y = -\frac{1}{3}\varepsilon_a + \frac{2}{3}\varepsilon_b + \frac{2}{3}\varepsilon_c$$

가 되고, 식 (2.37)의 두 번째 식과 세 번째 식의 양변을 빼주면,

$$4\varepsilon_b - 4\varepsilon_c = 2\sqrt{3}\,\gamma_{xy} \qquad (2.39)$$

$$\therefore \gamma_{xy} = \frac{2}{\sqrt{3}}\varepsilon_b - \frac{2}{\sqrt{3}}\varepsilon_c$$

이 된다. 이 식들을 정리하면 식 (2.40)과 같은 완전한 2차원 변형률이 분석된다.

$$\begin{bmatrix} \varepsilon_x = \varepsilon_a \\ \varepsilon_y = -\dfrac{1}{3}\varepsilon_a + \dfrac{2}{3}\varepsilon_b + \dfrac{2}{3}\varepsilon_c \\ \gamma_{xy} = 1.1547\varepsilon_b - 1.1547\varepsilon_c \end{bmatrix} \tag{2.40}$$

2.9 응력-변형률의 관계

등방 탄성인 물체에 수직응력이 작용하면 물체에는 수직변형률이 발생한다. 그림 2.18과 같은 요소에 압축응력 σ가 작용하면, 응력이 작용하는 축 방향으로는 물체의 길이가 줄어들고 축 방향에 직각인 횡 방향으로는 물체가 팽창한다. 축 방향의 변위(displacement)가 ΔL이고 횡 방향의 변위가 Δt이면, 축 방향의 수직변형률과 횡 방향의 수직변형률은

$$\varepsilon_l = \frac{\Delta L}{L}, \ \varepsilon_a = \frac{\Delta t}{t} \tag{2.41}$$

이다. 여기서 ε_l은 수축된 수직변형률이므로 양의 값을 가지고, ε_t는 팽창이므로 음의 값을 가진다.

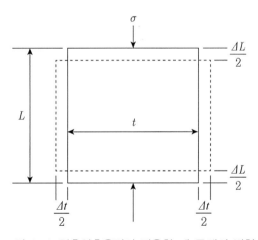

그림 2.18 일축압축응력이 작용할 때 물체의 변형

만약 이 물체가 등방이고 선형 탄성거동을 보이면, 수직응력이 증가할 때 수직변형률도 직선의 관계를 보이며 증가하고, 이 직선의 관계식은 식 (2.42)와 같다(그림 2.19).

$$\sigma = E\epsilon_l \text{ 혹은 } \varepsilon_l = \frac{1}{E}\sigma \tag{2.42}$$

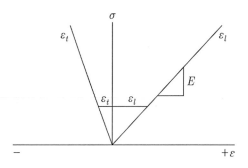

그림 2.19 일축압축에 의한 응력–변형률의 관계

여기서 E는 직선의 기울기이고, E를 탄성계수(Elastic modulus) 또는 영률(Young's modulus)이라 한다. 영률의 단위는 응력의 단위와 동일하여 암석에서는 MPa 또는 GPa이 주로 사용된다. 축 방향 수직변형률에 대한 횡 방향 수직변형률의 비를 포아송 비(Poisson's ratio)라 하며, 식 (2.43)과 같다.

$$\nu = -\frac{\varepsilon_t}{\varepsilon_l} \tag{2.43}$$

식 (2.43)에서 ε_l은 수축이므로 양(+)인 반면에 ε_t는 팽창이므로 음(−)의 값을 가져, 포아송 비를 양의 값으로 만들기 위하여 음(−)의 부호가 붙었다. 식 (2.43)에서 ε_t는

$$\varepsilon_t = -\nu\varepsilon_l = -\frac{\nu}{E}\sigma \tag{2.44}$$

로 나타낼 수 있다.

그림 2.20과 같은 미소요소에 2차원의 수직응력, 즉 σ_x와 σ_y가 동시에 작용할 때 미소요소에 발생되는 변형률은 식 (2.42)와 식 (2.44)를 사용하여 σ_x와 σ_y가 각각 작용할 때 발생한 변형률을 구한 후 중첩의 원리를 이용하여 구할 수 있다.

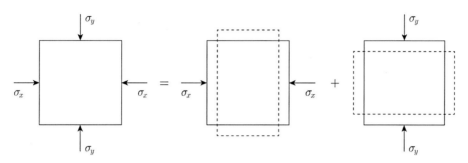

그림 2.20 2차원 응력에 의한 암석의 변형

1) σ_x에 의하여 발생하는 변형률

x방향 변형률 : $\dfrac{1}{E}\sigma_x$

y방향 변형률 : $-\dfrac{\nu}{E}\sigma_x$

2) σ_y에 의하여 발생하는 변형률

x방향 변형률 : $-\dfrac{\nu}{E}\sigma_y$

y방향 변형률 : $\dfrac{1}{E}\sigma_y$

중첩의 원리를 적용하면

$$\varepsilon_x = \frac{1}{E}\sigma_x - \frac{\nu}{E}\sigma_y \tag{2.45}$$

$$\varepsilon_y = -\frac{\nu}{E}\sigma_x + \frac{1}{E}\sigma_y$$

이다.

3차원의 응력-변형률 관계식은 일반화된 후크의 법칙(Generalized Hooke's Law)이라 하고 식 (2.46)과 같다.

$$\varepsilon_x = \frac{1}{E}\sigma_x - \frac{\nu}{E}\sigma_y - \frac{\nu}{E}\sigma_z = \frac{1}{E}\left[\sigma_x - \nu(\sigma_y + \sigma_z)\right]$$

$$\varepsilon_y = \frac{1}{E}\sigma_y - \frac{\nu}{E}\sigma_x - \frac{\nu}{E}\sigma_z = \frac{1}{E}\left[\sigma_y - \nu(\sigma_x + \sigma_z)\right] \qquad (2.46)$$

$$\varepsilon_z = \frac{1}{E}\sigma_z - \frac{\nu}{E}\sigma_y - \frac{\nu}{E}\sigma_x = \frac{1}{E}\left[\sigma_z - \nu(\sigma_y + \sigma_x)\right]$$

혹은

$$\begin{Bmatrix} \varepsilon_x \\ \varepsilon_y \\ \varepsilon_z \end{Bmatrix} = \begin{bmatrix} \dfrac{1}{E} & -\dfrac{\nu}{E} & -\dfrac{\nu}{E} \\ -\dfrac{\nu}{E} & \dfrac{1}{E} & -\dfrac{\nu}{E} \\ -\dfrac{\nu}{E} & -\dfrac{\nu}{E} & \dfrac{1}{E} \end{bmatrix} \begin{Bmatrix} \sigma_x \\ \sigma_y \\ \sigma_z \end{Bmatrix}$$

물체에 전단응력이 작용하면 전단변형률만 발생한다. 만약 이 물체가 등방이고 선형 탄성이라면 전단응력이 증가할 때 전단변형률도 직선의 관계를 보이며 증가한다(그림 2.21).

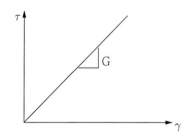

그림 2.21 전단응력과 전단변형률의 관계

$$\tau_{xy} = G\gamma_{xy}$$
$$\tau_{yz} = G\gamma_{yz} \qquad (2.47)$$
$$\tau_{zx} = G\gamma_{zx}$$

G는 직선의 기울기로 전단계수(shear modulus)라 한다. 단위는 응력의 단위와 동일한 MPa 또는 GPa이 사용된다. 수직응력이 작용하면 축 방향으로는 수축하고 횡 방향으로는 팽창한다. 그러나 전단응력은 작용하는 방향으로만 전단변형을 발생시킨다.

식 (2.46)의 일반화된 후크의 법칙을 응력에 대한 식으로 변형하면 식 (2.48)과 같다.

$$\sigma_x = \lambda(\varepsilon_x + \varepsilon_y + \varepsilon_z) + 2G\varepsilon_x$$
$$\sigma_y = \lambda(\varepsilon_x + \varepsilon_y + \varepsilon_z) + 2G\varepsilon_y \qquad (2.48)$$
$$\sigma_z = \lambda(\varepsilon_x + \varepsilon_y + \varepsilon_z) + 2G\varepsilon_z$$

여기서 λ는 라메 상수(Lame constant)라 한다.

물에서는 모든 방향의 수직응력이 동일하며($\sigma_x = \sigma_y = \sigma_z = P$), 이때의 압력 P를 정수압(hydrostatic pressure)이라 한다. 물체가 정수압 상태에 놓이면 물체의 부피는 축소된다. 그림 2.22와 같이 각 변의 길이가 1 m인 물체를 물속에 넣으면 부피가 ΔV만큼 축소되고, ΔV는 다음의 식과 같은 형태로 정의된다.

$$\Delta V = (\varepsilon_x + \varepsilon_y + \varepsilon_z) - \alpha(\varepsilon_x \times \varepsilon_y + \varepsilon_y \times \varepsilon_z + \varepsilon_z \times \varepsilon_x) + \delta(\varepsilon_x \times \varepsilon_y \times \varepsilon_z) \qquad (2.49)$$

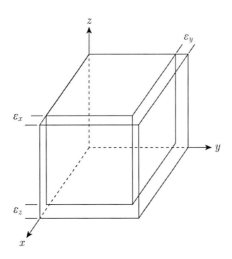

그림 2.22 정수압하에서의 물체의 변형

암석에서의 수직변형률 ε_x, ε_y 및 ε_z는 $10^{-3} \sim 10^{-6}$의 크기이므로 매우 작다. 식 (2.49)에서 두 번째 항은 수직변형률의 곱셈 형태이므로 $10^{-6} \sim 10^{-12}$ 범위를 보일 것이고, 세 번째 항은 세 곱의 형태이므로 $10^{-9} \sim 10^{-18}$ 범위를 보여 무시할 수 있을 정도로 작다. 그러므로

$$\Delta V = \varepsilon_x + \varepsilon_y + \varepsilon_z$$

로 쓸 수 있다. 압력을 부피의 변화율로 나누어주면 식 (2.50)과 같으며

$$\frac{P}{\Delta V / V} = \frac{P}{\varepsilon_x + \varepsilon_y + \varepsilon_z} = K \qquad (2.50)$$

K를 체적탄성계수(bulk modulus)라 한다. 체적탄성계수는 압축률(compressibility), β 의 역수이다.

앞에서 정의한 탄성상수들은 영률과 포아송 비로 나타낼 수 있다.

$$G = \frac{E}{2(1+\nu)}$$
$$\lambda = \frac{\nu E}{(1+\nu)(1-2\nu)} \qquad (2.51)$$
$$K = \frac{E}{3(1-2\nu)}$$

01 σ_x = 40 MPa, σ_y = 30 MPa, τ_{xy} = 30 MPa이다. σ의 방향이 x축과 α를 이룰 때 σ와 τ의 크기를 구하라.

    (1) $\alpha = 30°$

    (2) $\alpha = 45°$

    (3) $\alpha = -60°$

02 σ_x = 50 MPa, σ_y = 30 MPa, τ_{xy} = 10 MPa이다. xy 좌표축을 반시계 방향으로 60° 회전한 새로운 좌표축을 $x'y'$좌표축이라 할 때 $\sigma_{x'}$, $\sigma_{y'}$ 그리고 $\tau_{x'y'}$를 구하라.

03 2번 문제를 모어 원을 이용하여 구하라.

04 1번 문제에서 주응력의 크기와 방향을 구하라.

05 $\sigma_x + \sigma_y = \sigma_{x'} + \sigma_{y'} = \sigma_1 + \sigma_2$임을 증명하라.

06 영률 E = 4 GPa, 포아송 비 ν = 0.25이고 한 변의 길이가 100 cm인 정육면체에 σ_x = 30 MPa, σ_y = 60 MPa, σ_z = 80 MPa의 수직응력이 작용하였다. x방향, y방향, z방향의 길이를 구하라.

07 가로(x방향) 및 세로(y방향)가 50 cm, 길이(z방향)가 120 cm인 시료에 x와 y방향으로 3 MN의 힘이, z방향으로 2 MN의 힘이 가해졌다. 탄성계수 E = 2 GPa, 포아송 비 υ = 0.2일 때 ε_x, ε_y, ε_z를 구하라.

08 E = 50 MPa, ν = 0.2이고 세 변의 길이가 1 m인 정육면체 블록을 물속 100 m 지점에 넣었다. 이 블록의 줄어든 부피를 구하라.

09 가로 및 세로의 길이가 1 m인 물체에 σ_x = 40 MPa, σ_y = 20 MPa, τ_{xy} = 20 MPa가 작용할 때 ε_x = 1125 $\mu\varepsilon$, ε_y = 375 $\mu\varepsilon$가 발생하였다. ν = 0.2일 때 탄성계수 E를 구하라.

10 45° 로젯 변형률게이지를 사용하여 측정한 변형률은 ε_a = 15×10^{-4}, ε_b = 36×10^{-4}, ε_c = 11×10^{-4}이다. 이 평면에서 발생한 변형률 ε_x, ε_y, γ_{xy}를 구하고 주변형률의 크기 및 방향을 계산하라.

11 60° 로젯 변형률 게이지를 이용한 변형률 측정값이 ε_a = 2×10^{-3}, ε_b = 3.2×10^{-3}, ε_c = 5×10^{-3}이다. 이 평면에서 발생한 변형률 ε_x, ε_y, γ_{xy}를 구하고 주변형률의 크기 및 방향을 계산하라.

03

암석의 실내 시험

암석의 실내 시험

3.1 물리적 특성시험

암석의 물리적 특성(physical properties)은 암석재료가 갖는 고유한 성질 중에서 화학적 변화로부터 야기되는 화학적 특성(chemical properties)을 제외한 모든 특성을 일컫는다. 최근에는 암석의 물리적 특성과 역학적 특성(mechanical properties)을 포괄적인 의미로 암석의 물성이라 표현하는 경우가 보편적이나, 원론적인 관점에서의 암석의 물리적 특성과 역학적 특성에는 차이가 있다. 본 절에서는 암석의 물리적 특성으로 분류되는 밀도, 비중, 함수율 등의 정의를 기술하고, 이를 평가하는 방법에 대해 알아보도록 한다. 암석의 구성물질은 그림 3.1과 같이 입자(grain), 물(water), 공기(air)의 3가지 상으로 구성되어 있으며, 이 중에서 물과 공기는 암석 내의 공극(void) 안에 존재한다. 암석입자의 부피, 무게(중량), 질량은 각각 V_g, W_g, M_g로, 물(공극수)의 부피, 무게, 질량은 V_w, W_w, M_w로, 공기의 부피는 V_a로 나타내며, 질량은 0으로 가정한다.

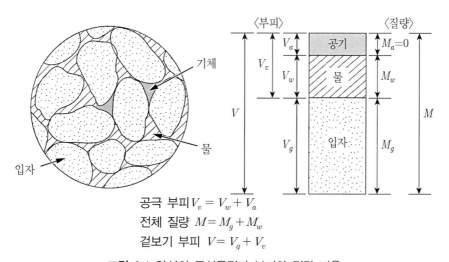

공극 부피 $V_v = V_w + V_a$
전체 질량 $M = M_g + M_w$
겉보기 부피 $V = V_g + V_v$

그림 3.1 암석의 구성물질과 부피와 질량 비율

1) 밀도

밀도(density, ρ)는 단위 부피(unit volume)에 대한 물질의 질량으로써 정의되는 물리량으로, 단위는 g/cm^3 또는 kg/m^{3}로 표현된다. 암석재료의 밀도는 겉보기밀도(bulk density 또는 apparent density)와 입자밀도(grain density)로 구분할 수 있다. 겉보기밀도는 암석 내부에 존재하는 공극이나 균열 분포 등을 고려하지 않은 대상 암석의 외형적 전체 부피에 대한 전체 질량을 나타내며, 입자밀도는 공극 및 내부 균열을 반영한 시료의 질량을 토대로 밀도를 계산한다. 통상적인 암석의 밀도로는 겉보기밀도가 주로 사용되며 이를 평균밀도라고도 한다. 암석의 겉보기밀도 ρ_b와 입자밀도 ρ_g는 다음의 식 (3.1) 및 식 (3.2)를 통해 계산할 수 있다.

$$\rho_b = \frac{M}{V} \tag{3.1}$$

$$\rho_g = \frac{M_g}{V_g} \tag{3.2}$$

여기서, M 및 M_g는 암석시료의 전체 질량과 입자질량, V 및 V_g는 전체 부피와 입자부피를 나타낸다. 암석시료의 입자밀도 ρ_g의 경우, 시료 내부의 공극을 제외한 입자만의 질량 및 부피를 직접적으로 계산하는 것이 어려우므로, 겉보기밀도와 공극률을 이용하여 다음의 식 (3.3)과 같이 간접적인 방법으로 계산이 가능하다.

$$\rho_g = \frac{\rho_b}{(1-n)} \tag{3.3}$$

여기서, n은 암석시료의 공극률로서 다음 식으로 계산할 수 있다.

$$n\,(\%) = \frac{V_v}{V} \times 100 \tag{3.4}$$

2) 비중

비중(specific gravity, G_s)은 동일한 부피를 갖는 재료 물질들 간의 상대적 질량을 비교하기 위한 물리적 지표로, 단위는 없으며, 단위부피에 대한 임의의 재료와 표준물질 간의 질량비로 정의된다. 표준물질은 1기압, 4°C 조건에서의 순수한 물이 사용되며, 단위부피에 대한 표준물질의 비중 값은 1로 정의된다. 밀도와 마찬가지로 시료 내의 공극 및 균열 등의 고려 여부에 따라 진비중(true specific gravity)과 겉보기비중(bulk specific gravity 또는 apparent specific gravity)으로 구분할 수 있으나, 일반적으로 겉보기비중이 주로 사용된다. 암석시료의 겉보기 비중 G_s는 다음의 식 (3.5)를 통해 정의된다.

$$G_s = \frac{M}{M_w} = \frac{\rho}{\rho_w} \tag{3.5}$$

여기서, M 및 ρ는 암석시료의 질량과 밀도를 나타내며, M_w 및 ρ_w는 동일 부피인 물의 질량 및 밀도이다. 실험적 방법을 통해 암석의 겉보기비중을 측정하는 경우에는 시료의 건조와 포화 과정을 통해 측정된 무게를 이용한다. 시료의 건조는 105°C(±3°C 내외)의 오븐에서 12시간 이상 완전 건조시키도록 하며, 포화의 경우에는 물을 채운 용기에 암석시료를 넣은 후, 진공챔버 내에서 12시간 이상 포화시키는 것을 원칙으로 한다. 결과적으로, 실험적 방법을 통한 암석시료의 겉보기비중 G_s는 다음의 식 (3.6)을 통해 계산된다.

$$G_s = \frac{W_{dry}}{W_{sat} - W_{sub}} \tag{3.6}$$

여기서, W_{dry}, W_{sat}, W_{sub}는 각각 건조, 포화, 수중상태에서의 시료무게를 나타낸다.

3) 함수율 및 흡수율

함수율(또는 함수비, water contents, w, %)은 암석시료의 질량 M에 대해 시료 내 수분이 차지하는 질량 M_w의 비율을 의미하는 것으로, 다음의 식 (3.7)과 같이 정의되며, 식 (3.8)을 통해 실험적 방법으로 계산하는 것이 일반적이다.

$$w = \frac{M_w}{M} \times 100 \ (\%) \tag{3.7}$$

$$w = \frac{W_{sat} - W_{dry}}{W_{dry}} \times 100 \ (\%) \tag{3.8}$$

암석시료 내의 공극이 완전히 포화된 경우의 함수율은 시료가 수분을 흡수할 수 있는 최대 성능을 나타내므로, 흡수율(absorption, %)이라는 용어를 통해 별도로 표기한다. 암석의 흡수율은 암석 내의 유효 공극률을 나타내는 물성지표로, 공학적 설계 및 해석에서 중요한 의미를 갖는다.

4) 공극률

공극률(porosity, n, %)은 암석시료의 전체 부피에 대해 공극이 차지하는 부피의 비를 의미한다. 다음의 식 (3.9)와 같이 정의된다.

$$n\,(\%) = \frac{V_v}{V} \times 100 = \frac{V_v}{V_g + V_v + V_I} \times 100 = \frac{V_v}{\pi r^2 l} \times 100 \tag{3.9}$$

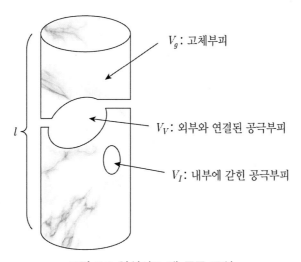

그림 3.2 암석시료 내 공극 구성

현실적으로 그림 3.2에서 보여주는 것과 같이 외부와 연결된 공극에 대해서 평가가 이루어진다. 그림 내 시료의 직경과 길이는 r과 l로 표시되며, V_v는 외부와 연결된 공극부피, V_s는 입자부피, V_i는 외부와 연결되지 않은 내부공극의 부피를 의미한다.

실험적인 방법을 통해 암석시료의 공극률을 계산할 때에는 우선적으로 암석시료 내 공극의 부피를 계산하여야 하며, 다음의 식 (3.10)을 사용한다.

$$n = \frac{W_{sat} - W_{dry}}{\rho_w V} \times 100\% \tag{3.10}$$

5) 탄성파 속도

탄성파 속도(ultrasonic wave velocity, v, m/sec)는 탄성 고체물질(elastic solid)을 따라 전파하는 파동의 속도로써, 물질의 변형거동을 이해하거나 역학적 특성 중 하나인 탄성계수의 계산, 내부의 공극 및 불연속면 등에 대한 간접적인 평가 등 다양한 용도로 사용되는 물리적 특성이다. 일반적인 암석 실내 시험에서 적용되는 탄성파는 실체파(body wave)로 P파(primary wave 또는 longitudinal wave)와 S파(secondary wave 또는 transverse wave)로 구분되며, 파동의 전파속도는 암석재료의 탄성상수 및 밀도 등과 상관성을 갖는다.

탄성파 속도 측정시험은 일정한 규격을 갖는 원기둥 형태의 시료에 실체파를 통과시켜 파동의 전파 속도를 측정하는 시험이며, 측정 장치의 주요 구성은 그림 3.3과 같다. 파동 생성기(pulse generator)에 의해 생성된 일정 주기를 갖는 전기적 파동은 송신기(transmitter)를 통해 물리적 파동으로 변환되어 시료에 전달되며, 시료를 통과한 탄성파는 수신기(receiver)를 통해 전기적 파동으로 다시 변환되어 증폭기(amplifier)를 거쳐 오실로스코프(oscilloscope)에 기록된다. 파동 생성기가 파동을 발생시킨 시점은 오실로스코프에 출력되므로, 파동의 발생 시점과 파동이 시료를 통과해서 수신된 시점의 차를 이용해 대상 암석 시료에 대한 탄성파의 통과시간 t를 계산할 수 있다. 또는 시간측정유닛을 이용하여 통과시간을 표시하는 계측시스템도 있다. 결과적으로 탄성파 속도 v는 식 (3.11)과 같이 암석 시료의 길이 l을 탄성파의 통과시간 t로 나누어 계산된다.

$$v = \frac{l}{t} \tag{3.11}$$

탄성파 속도는 암석재료의 역학적 변형 거동 특성과 밀접한 관계가 있으며, 시험을 통해 측정된 P파 속도 v_p 및 S파 속도 v_s를 사용하여 다음의 식들을 통해 동탄성상수(dynamic elastic constant)를 계산할 수 있다.

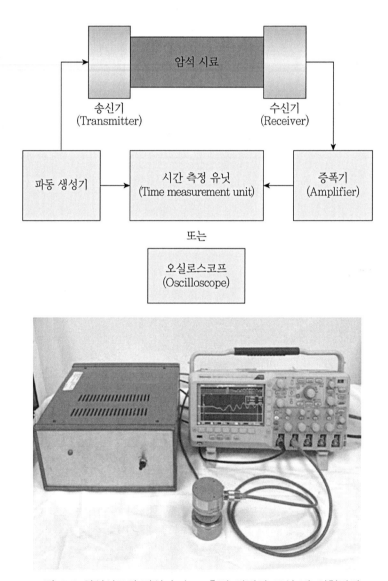

그림 3.3 암석시료의 탄성파 속도 측정 장치의 구성 및 시험장치

$$E = 2(1 + \nu)\rho v_s^2 \tag{3.12}$$

$$\nu = \frac{(v_p^2 / v_s^2) - 2}{2[(v_p / v_s)^2 - 1]} \tag{3.13}$$

$$G = \rho v_s^2 \tag{3.14}$$

$$K = \rho v_s^2 \left\{ \left(\frac{v_p}{v_s}\right)^2 - \frac{4}{3} \right\} \tag{3.15}$$

여기서, E는 동영률(dynamic Young's modulus), ν는 동포아송 비(dynamic Poisson's ratio), ρ는 암석의 밀도, G는 동전단계수(dynamic shear modulus), 그리고 K는 동체적탄성계수(dynamic bulk modulus)를 나타낸다.

6) 쇼어 경도

쇼어 경도(Shore hardness) 시험은 금속 및 암석재료의 경도(hardness) 평가에 널리 사용되는 방법으로, 구형(spherical shape)의 다이아몬드를 끝부분에 삽입한 무게 4 g의 추를 25 cm의 높이에서 시료면에 수직으로 자유 낙하시켜 타격 후, 다시 튀어오르는 추의 높이에 따라 재료의 경도를 평가하는 방법이다(그림 3.4). 측정원리에 따라 반발경도시험이라고 부르기도 하며, 시험기의 일반적인 경도 규모는 0부터 120까지로 구분된다. 쇼어 경도 시험은 동일한 시료의 평면에 대하여 일정 간격(5 mm 이상)을 두고 최소 20회 이상을 반복하도록

그림 3.4 쇼어 경도계의 모습

해야 하며, 측정 결과 값들 중 최댓값과 최솟값을 제외한 나머지 값들의 평균을 계산하여 경도 값으로 표기한다.

7) 슬레이크 내구성 지수

셰일(shale)이나 사암(sandstone), 점토암(mudstone)과 같이 점토를 포함하는 퇴적암의 경우, 건조와 습윤 과정에 반복적으로 노출되면 팽창, 균열, 박리 현상 등에 의해 역학적 강도가 약해지는 현상을 보일 수 있다. 이처럼 암석의 풍화작용에 따른 역학적 내구성을 측정하기 위한 방법으로 널리 사용되는 것이 슬레이크 내구성 시험이다. 슬레이크 내구성은 그림 3.5와 같은 전용 시험기를 이용하며, 유체의 유동이 가능한 원통드럼에 암석시료를 넣고 통의 일부가 물에 잠긴 상태에서 전동모터를 이용해 통을 회전시킨다. 슬레이크 내구성 시험은 약 40~60 g의 무게를 갖는 10개의 구형 암석시료를 사용한다. 원통드럼은 직경 140 mm, 폭 100 mm 규격을 사용하며, 드럼의 중심축 아래 20 mm까지 물이 채워진 상태에서 시험을 진행한다. 각 시험은 2번의 슬레이크 사이클(slake cycle)로 구성되며, 각 사이클당 10분 동안 드럼을 200회 회전시켜, 시료의 시험 전·후 무게를 측정한다. 슬레이크 내구성 지수 I_{d2}는 두 번의 슬레이크 사이클이 반복된 후 측정된 시료의 건조무게 M_{d2}에 대한 시험 전의 원래 시료 건조무게 M_d의 비율로서, 식 (3.16)과 같이 계산된다.

$$I_{d2} = \frac{M_{d2}}{M_d} \times 100\% \tag{3.16}$$

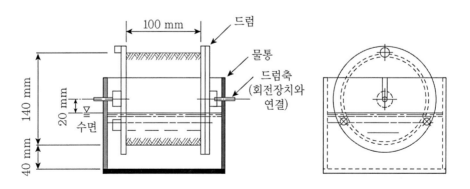

그림 3.5 슬레이크 내구성 시험장치(한국암반공학회 표준시험법)

슬레이크 내구성 지수(slake durability index) 값이 약 85% 이상의 경우에는 풍화작용에 대한 내구성을 크게 고려하지 않아도 되지만, 내구성 지수가 약 60% 이하의 경우에는 해석 및 설계에 유의할 필요가 있다.

8) 슈미트 반발경도

슈미트 반발경도(Schmidt Rebound Hardness)는 슈미트 해머(Schmidt hammer) 장치를 이용한 암석 및 콘크리트의 비파괴 강도시험을 위해 고안된 물성으로, 스프링으로 작동되는 해머를 이용해 암석 표면을 타격 후 획득한 반발경도를 의미한다(그림 3.6). 슈미트 반발경도 시험에서 해머의 타격 대상이 되는 면은 매끄럽고 평평한 표면이어야 하며, 타격면과 그 주변 6 cm 범위에는 균열이나 불연속면이 존재하지 않아야 한다. 슈미트 해머의 타격 방향이 타격면에 수직인 조건을 기본으로 하며, 임의의 각도를 이루는 상황에서는 각도에 따른 보정

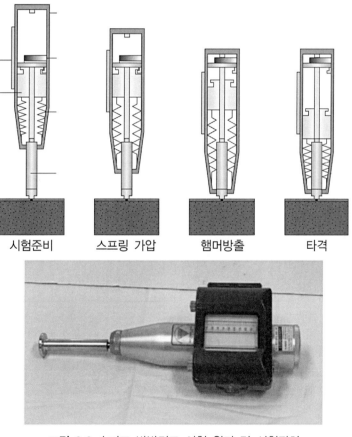

시험준비   스프링 가압   햄머방출   타격

그림 3.6 슈미트 반발경도 시험 원리 및 시험장치

을 수행한 후 반발경도 값을 계산하여야 한다. 슈미트 반발경도 시험은 하나의 대상에 대해 측정지점을 이동시키며 20회 이상의 시험을 실시하여야 하며, 전체 측정값 중 상위 50% 값에 대한 평균값을 반발경도로써 계산한다.

앞서 언급한 것처럼, 슈미트 반발경도 시험은 암석의 절리면 강도 등과 같이 실험실 내 정밀 시험·분석이 어려운 상황에서 간접적인 강도 값을 평가하는 데 주로 사용된다. 일반적으로 암석의 일축압축강도 UCS와 슈미트 반발경도 R 사이에는 식 (3.17)과 같은 관계가 성립하는 것으로 알려져 있으며, 그림 3.7을 통해서 일축압축강도를 평가할 수 있다(Hoek and Bray, 1981).

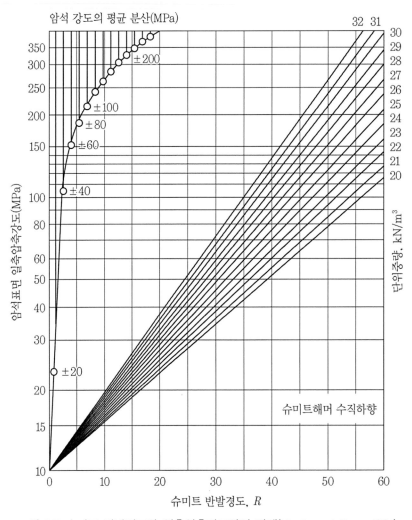

그림 3.7 슈미트 반발경도와 일축압축강도와의 관계(Hoek and Bray, 1981)

$$UCS = 10^{(0.00088\gamma R + 1.01)}, \mathrm{MPa} \qquad (3.17)$$

여기서, γ는 암석의 단위중량이다.

3.2 역학적 특성시험

암석의 역학적 특성(mechanical properties)은 하중의 작용을 받아 발생하는 파괴와 변형에 관련된 재료적 특성값을 의미하며, 일반적으로 영구적 변형에 대한 저항성을 나타내는 강도(strength) 개념이 대표적인 역학적 특성값으로 사용된다. 암석의 강도는 하중의 가압방식과 변형 거동의 형태에 따라 대표적으로 압축강도, 인장강도, 전단강도로 구분된다.

1) 일축압축시험(uniaxial compression test)

암석의 일축압축강도 시험은 원통형 시료의 축방향(axial direction)으로 압축하중을 가하여 파괴가 일어날 때의 하중을 측정하는 시험이다. 시료를 고정하는 상·하부의 평판은 시료 암석에 비해 높은 강성(rigidity)을 갖도록 해야 하며, 평판과 가압장치 사이에는 구면좌(spherical seat)를 삽입하며 편향 하중을 방지한다. 시험은 일정한 하중 재하속도하에서 수행하고 가압하중의 서보제어시스템(servo-control system)을 통해 변위 또는 하중에 대한

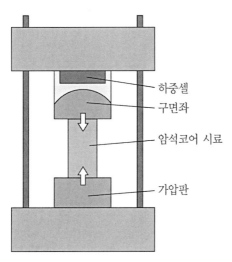

하중셀
구면좌
암석코어 시료
가압판

그림 3.8 암석의 일축압축시험 모식도

자동제어가 가능하여야 한다(그림 3.8).

일축압축시험에서 암석 시료의 일축압축강도 σ_c는 식 (3.18)을 통해 계산된다.

$$\sigma_c = \frac{P}{A} = \frac{P}{\pi(D/2)^2} = \frac{4P}{\pi D^2} \tag{3.18}$$

여기서, P는 파괴가 일어날 때의 하중, A는 시료의 단면적, D는 시료의 직경을 의미한다. 일축압축강도시험에서는 압축강도뿐만 아니라 시료의 변형률을 측정하여 영률(탄성계수)이나 포아송비등의 역학적 특성을 측정한다.

일축압축시험에서의 암석 시료는 다음과 같은 규격조건을 만족해야 된다.

- 시료의 직경은 50 mm에 근사한 크기로 제작해야 하며, 암석의 최대 입자크기보다 10배 이상 커야 된다.
- 시료의 직경에 대한 높이의 비율은 2.5~3.0(최소 2.0 이상)으로 한다.
- 시료 양 단면의 편평도는 0.02 mm 이내가 되어야 하며, 시료 축에 대한 끝 단면의 수직도는 0.001 rad 이내가 되도록 한다.
- 하중의 재하속도는 0.5~1.0 MPa/s 수준으로 조절한다.

일축압축강도는 시료의 형태, 크기 및 가공도와 상하 가압면의 상태, 가압판과 가압면의 접촉상태, 건조정도, 재하조건 등의 영향을 받는다.

(1) 암석 강도의 크기효과

동일한 암석에 대한 시험을 가정할 때, 시료의 크기가 클수록 암석의 일축압축강도는 감소한다. 정적 하중조건(static loading condition)에서의 암석의 파괴는 암석 내부에 존재하는 미세균열(micro-crack)이나 공극 등과 같은 결함(defect) 부위에 응력이 집중되면서 균열이 성장 및 연결되어 거시적인(macroscopic) 파단면을 형성한다. 암석 시료의 크기가 클수록 암석 내부에 존재하는 결함부의 존재확률 또는 상대적인 결함 수가 많아지므로 시료의 크기가 클수록 강도는 낮아지게 된다(그림 3.9).

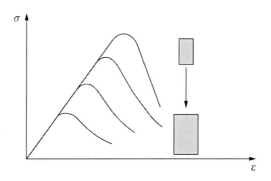

그림 3.9 암석 일축압축강도의 시료 크기효과

일반적으로 암석의 일축압축시험에서는 50 mm에 근사한 직경을 갖는 원통형 시료를 사용하여야 하나, 현장의 환경이나 시료 수급 등의 문제로 이를 만족시키기 어려운 경우가 있다. 크기가 다른 원통형 시료를 사용할 경우 식 (3.19)와 같이 암석 강도의 크기효과를 고려하여

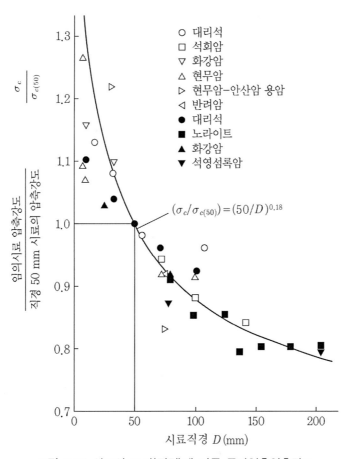

○	대리석
□	석회암
▽	화강암
△	현무암
▷	현무암-안산암 용암
◁	반려암
●	대리석
■	노라이트
▲	화강암
▼	석영섬록암

$(\sigma_c/\sigma_{c(50)}) = (50/D)^{0.18}$

세로축: 임의시료 암축강도 / 직경 50 mm 시료의 암축강도

가로축: 시료직경 D (mm)

그림 3.10 시료의 크기(직경)에 따른 등가일축압축강도

50 mm 직경의 암석 코어에 대한 등가일축압축강도 $\sigma_{c(50)}$로 환산하여 계산한다(Hoek and Brown, 1980). 그림 3.10은 대표적 암종에 대한 일축압축강도의 크기효과를 나타낸다.

$$\sigma_{c(50)} = \frac{\sigma_c}{(50/D)^{0.18}} \tag{3.19}$$

(2) 시료의 단면 형태 및 종횡비에 의한 영향

시료의 단면 형태는 암석의 일축압축강도에 영향을 미친다(그림 3.11). 단면의 예각 부분은 하중지지력을 감소시켜 유효단면적이 줄어들어 원, 육각형, 사각형, 삼각형 순으로 강도가 감소된다. 또한 시료의 종횡비는 시료의 직경 D에 대한 길이 L의 비율 L/D로 정의된다. 종횡비가 매우 작은 경우, 시료 내에 작용하는 응력의 분포는 단순한 일축압축 상태가 아닌 구속압(confining pressure)의 영향을 크게 받게 되어 암석의 강도는 증가된다. 반대로 종횡비가 매우 큰 경우에는 시료의 중간부분이 휘면서 부러지는 휨(bucking)현상이 발생하여 암석의 강도는 낮아진다.

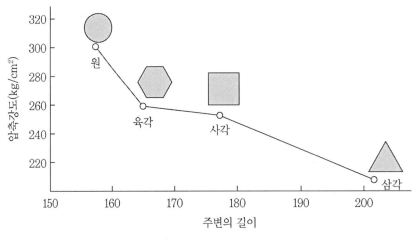

그림 3.11 암석 일축압축강도의 시료 형상효과

(3) 하중속도의 영향

암석 강도시험에서의 하중속도 혹은 변형률속도는 암석의 강도에 영향을 미친다. 하중상태는 정적상태(static condition)와 동적상태(dynamic condition)로 구분할 수 있으며, 두 상태

를 나누는 기준은 일반적으로 변형률속도가 사용된다. 변형률속도는 단위시간당 암석이 보이는 변형률을 나타내는 지표로서, 약 1/초(s^{-1}) 이상의 상태를 동적상태로 보는 것이 일반적이며, 단위시간당 하중의 가압속도를 의미하는 하중속도와는 비례관계를 보인다. 암석의 파괴과정은 역학적 상태에 따라 변화하며, 하중의 재하속도나 시료의 변형률속도가 증가하면 암석의 강도 또한 증가하는 것으로 알려져 있다(Zhang and Zhao, 2014). 암석 강도의 역학적 상태에 따른 영향을 정량적으로 평가하기 위해 고안된 것이 암석강도의 동적증가지수(Dynamic Increase Factor, DIF)로 식 (3.20)과 같이 계산할 수 있다. 그림 3.12는 변형률속도에 따른 암석 일축압축강도의 동적증가지수를 나타낸 것이다. 아직까지 표준시험법이 제안되어 있지 않고 각각 다른 방식의 시험장치 및 다른 형상의 시료를 사용하기 때문에 현재까지 저자마다 다른 관계식을 보여주고 있다.

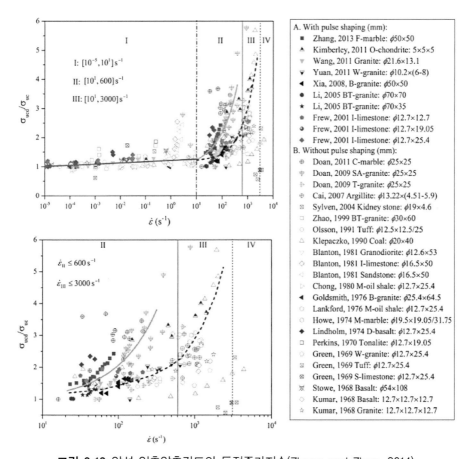

그림 3.12 암석 일축압축강도의 동적증가지수(Zhang and Zhao, 2014)

$$DIF = \frac{\sigma_{dynamic}}{\sigma_{static}} \qquad\qquad (3.20)$$

(4) 이방성에 의한 영향

암석은 여러 종류의 광물입자들이 결합되어 형성된 결합체로서, 생성 환경이나 조건에 따라 다른 배열 및 역학적 특성을 나타낸다. 특히 변성암에서의 엽리, 퇴적암에서의 층리 및 절리(joint)와 같은 불연속면이 존재하는 경우, 이들의 방향성에 따라 암석의 강도는 이방성(anisotropy)을 보인다. 암석의 이방성에는 3개의 불연속면 군을 포함하는 직교이방성(orthtropy)과 층리가 발달한 층상퇴적암반이나 엽리가 발달한 변성암반과 같이 1개의 불연속면 군이 분포하는 평면이방성(transversely isoptropy)이 있다. 그림 3.13은 대표적인 직교이방성 암석인 화강암에 존재하는 균열면의 분포양상을 보여주고 있다. 균열면이 가장 많이 존재하는 면을 rift면(rift축에 직각인 면, 그림 내 상단면)이라 하고, 균열면의 수가 가장 적게 존재하는 hardway면과 중간 정도의 균열면 수를 가지는 grain면으로 정의된다. 그림 3.14는 국내 낭산화강암과 함열화강암에 대한 일축압축강도 이방성을 보여주고 있다. 균열면이 가장 많은 rift축의 직각 방향으로 암석코어에 대한 일축압축강도가 가장 높게 나타남을 보여주고 있다(이상은, 1996).

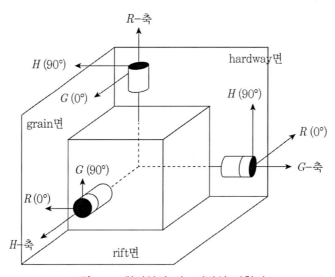

그림 3.13 화강암의 직교이방성 방향면

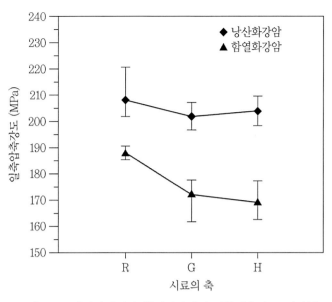

그림 3.14 낭산화강암과 함열화강암의 일축압축강도 이방성

그림 3.15는 평면이방성 암석 내 존재하는 불연속면의 형상을 보여준다. 일축압축강도는 암석코어 시료의 축방향이 z축인 경우 가장 높은 값을 보인다.

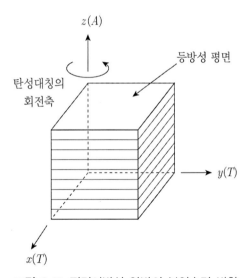

그림 3.15 평면이방성 암반의 불연속면 방향

(5) 시료의 파괴거동 및 탄성계수의 결정

일축압축시험에서는 암석의 일축압축강도뿐만 아니라 탄성계수인 영률과 포아송 비 또한 계산할 수 있다. 그림 3.16은 일축압축시험에서 획득할 수 있는 전형적인 응력-변형률 곡선을 나타낸다. 그림 3.16에서 x축의 변형률 값이 0인 지점을 기점으로, 양의 값을 갖는 부분은 시료 축방향에 대한 수축을 나타내며, 음의 값을 갖는 부분은 시료 횡방향에 대한 신장을 의미한다.

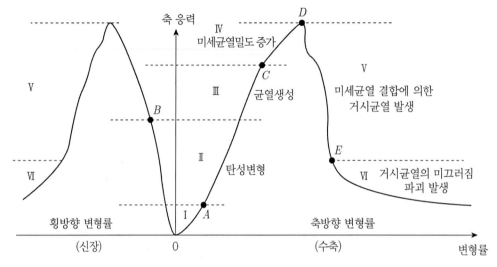

그림 3.16 일축압축하 전형적인 암석의 응력-변형률 곡선

응력-변형률 곡선의 각 구간별 거동에 대해 분석해보면, $\overline{OA}$ 구간은 하중의 작용에 따라 시료 내에 존재하는 미세균열들이 닫히면서 비선형적인 거동을 나타낸다. 이후 $\overline{AB}$ 구간에서는 시료가 축방향으로 압축되면서 선형적인 탄성거동을 보이며, B지점을 기점으로, $\overline{BC}$ 구간에서는 시료 내의 기존 균열들의 확장 및 새로운 균열이 생성된다. C지점에서부터는 시료 내에 소성파괴(plastic failure)가 발생하며, C지점을 항복점(yield point)이라 한다. 응력의 값이 최대에 이르는 지점 D에서는 시료에 거시적인 파괴가 발생하며, 이때의 응력값을 강도라 한다. D지점에서의 시료 파괴 이후에는 연화거동(softening behavior)을 보이게 되며, 연화곡선의 기울기는 시료의 취성도(brittleness)에 따라 다르게 나타난다. 취성도가

높은 경암의 경우 급격한 경사의 연화곡선을 나타내며, 취성도가 낮은 연암의 경우, 비교적
완만한 경사를 보인다.

일축압축시험에서의 영률은 다음과 같이 3가지 방법으로 계산된다(그림 3.17).

- 평균탄성계수(E_m): 축방향 응력-변형률 곡선에서 직선구간의 평균 기울기로부터 구하
  며, 그 직선구간은 일축압축강도의 40~60% 정도 구간에서 정하는 것이 좋다.
- 접선탄성계수(E_t): 축방향 응력-변형률 곡선상 임의의 응력 수준에서의 접선의 기울기
  로 결정되며, 일반적으로 응력 수준은 일축압축강도의 50% 정도를 택한다.
- 할선탄성계수(E_s): 응력이 0인 지점에서 임의의 응력 수준까지 연결한 직선의 기울기로
  결정되며, 일반적으로 응력 수준은 일축압축강도의 약 50%를 택한다.

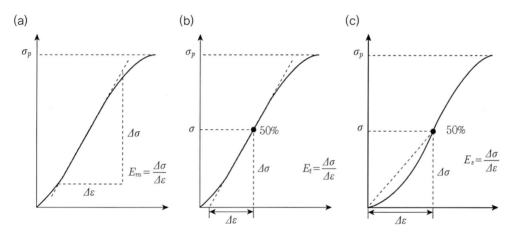

그림 3.17 일축압축시험에서의 탄성계수 계산기법: (a) 평균탄성계수, (b) 접선탄성계수, (c) 할선탄성계수

그림 3.18은 일축압축시험의 전형적인 응력-변형률곡선으로, 축방향 변형률(축변형률),
횡방향 변형률(횡변형률), 체적변형률과의 관계곡선으로 나타낸다. 일축압축강도는 응력-
변형률 곡선의 최대 응력값으로 정하고, 포아송비 ν는 식(3.21)과 같이 횡방향과 축방향
응력-변형률 곡선의 경사를 이용하거나, 탄성계수 E와 응력-체적변형률 곡선의 경사로부
터 계산한다.

$$\nu = (-)\frac{응력-변형률(축방향)\ 관계곡선의\ 경사}{응력-변형률(횡방향)\ 관계곡선의\ 경사}$$

$$= (-)\frac{E}{응력-체적변형률\ 관계곡선의\ 경사} \tag{3.21}$$

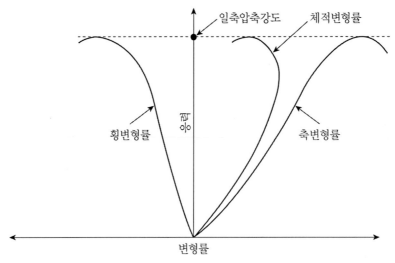

그림 3.18 일축압축시험의 전형적인 응력-변형률 곡선

2) 삼축압축시험(triaxial compression test)

지하에 위치하는 암반은 지압에 의해 구속압력(confining pressure)을 받거나 편차응력 (deviatoric stress)이 작용하는 경우가 일반적으로, 터널이나 지하공간에 대한 안정성 해석 및 설계에서 구속압을 적용한 삼축응력상태를 고려할 필요가 있다. 이러한 삼축응력상태를 모사하기 위하여 유압셀을 이용한 구속압 시험(confining pressure test)과 셋 방향으로 다른 구속압을 가하는 진삼축압축시험(true-triaxial compression test)이 고안되었다. 그림 3.19a는 유압셀을 이용한 구속압 시험으로, 축방향에 작용하는 σ_1을 제외한 수평방향의 응력 σ_2와 σ_3는 같은 값을 가지게 된다. 오른쪽 그림은 진삼축압축시험 개요도로서 각 방향의 응력이 모두 다른 값을 가지나, 시험의 특성상 원통형이 아닌 직육면체 형태의 시료를 사용한 다. 진삼축압축시험은 수평방향에 대한 하중 가압 및 제어를 위해 별도의 유압식 가압시스템 을 필요로 하므로, 일반적으로는 구속압 시험법을 통한 삼축압축시험이 주로 사용된다.

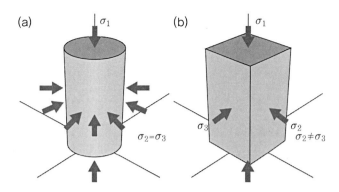

그림 3.19 삼축압축시험 모식도: (a) 구속압 시험 (b) 진삼축압축시험

그림 3.20은 최근에 가장 많이 사용되는 Hoek셀 구속압 시험장치를 이용한 시험장면과 Hoek셀 구조를 보여주고 있다. 시료의 측면을 구속하기 위해 금속재질의 원통 틀 안에 고무 합성물인 멤브레인(membrane)을 설치하여 유압에 의한 하중을 가하는 방식으로 암석시료에 유압이 닿지 않는 장점이 있다. 삼축압축시험은 구속압의 세기에 따른 암석의 압축강도 변화 양상을 측정하여 파괴기준을 결정하는 데 사용된다.

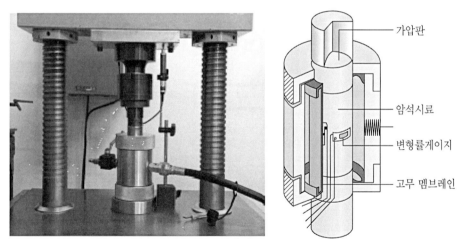

그림 3.20 Hoek셀 구속압 장치를 이용한 삼축압축시험

그림 3.21은 삼축압축시험으로부터 획득한 시료별 구속압과 압축강도를 각각 최소주응력과 최대주응력으로 간주하여 시료응력원으로 표시하고, 모든 시료원을 지나는 접선을 그어 파괴포락선을 결정하며, 최종적으로 포락선으로부터 내부마찰각과 점착력을 구하게 된다.

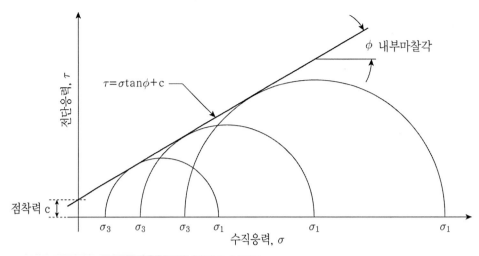

그림 3.21 삼축압축시험 시료 응력원 작성 예

3) 직접인장시험(direct tension test)

직접인장시험은 암석 시료의 축방향 양 끝단을 직접 잡아당겨 시료 중앙부에서의 인장파괴를 유도하는 시험법으로, 코어 형태 시료의 양 끝단면을 인장장치에 접착제로 부착시키거나 암석 시료를 Dog bone 형태로 성형하여 고정장치를 걸어서 인장하는 방식을 사용한다(그림 3.22). 암석의 인장강도 σ_t는 식 (3.22)와 같이 시료 파괴 시의 하중 P와 시료의 단면적 A 또는 직경 D를 통해 계산할 수 있다.

$$\sigma_t = \frac{P}{A} = \frac{4P}{\pi D^2} \tag{3.22}$$

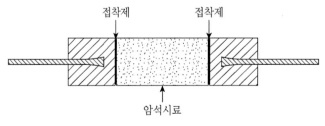

그림 3.22 직접인장시험

직접인장시험법은 암석 시료에 직접적인 인장응력을 유도할 수 있다는 장점이 있으나, 접착제의 성능이 보장되어야 하고, 시료의 성형이 까다롭기 때문에 암석의 인장강도시험은 다음 절에서 설명하는 간접인장시험법을 주로 사용한다.

4) 압열인장시험

압열인장시험(Brazilian test)은 가장 널리 사용되는 간접인장시험법으로, 원판(disc) 형태의 시료를 직경 방향으로 가압하여 시료 중앙부에서의 인장파괴를 유도하는 시험법이다. 그림 3.23은 압열인장 시료의 가압조건과 압열인장 시료 중심선을 따라 발생하는 인장응력과 압축응력의 분포를 보여주고 있다. 시료의 중심부에서 압축응력은 인장응력 크기의 3배가 작용하나, 암석과 같은 취성재료는 압축강도가 인장강도의 10배 이상으로, 압열인장 시료는 압축응력이 아닌 인장응력에 의하여 인장파괴가 발생하게 된다. 시료의 직경은 NX(54 mm)를 표준으로 하며, 직경 D에 대한 길이 L의 비율 L/D가 0.5~1.0의 값을 갖도록 제작한다. 압열인장시험의 경우, 시험 후 시료의 파괴면 방향이 하중의 가압방향과 일치해야 한다. 그림 3.24의 압열인장시험장치는 상하부 틀을 가이드 핀으로 연결한 형태로, 상하부 틀의 곡률 반경은 시료와 틀과의 접촉각이 약 10°가 되도록 하며, 상부틀에 직경 25 mm 반구형 볼베어링을 설치하거나 구면좌(shperical seat)를 사용하여야 한다. 압열인장강도 $\sigma_{t,B}$는 식 (3.23)에 최대하중값 P, 시료의 직경 D와 길이 L을 대입하여 계산할 수 있다.

$$\sigma_{t,B} = \frac{2P}{\pi DL} \tag{3.23}$$

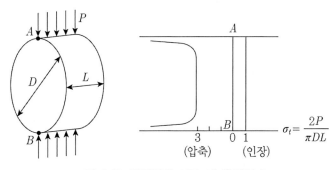

그림 3.23 압열인장 시료 내 응력상태

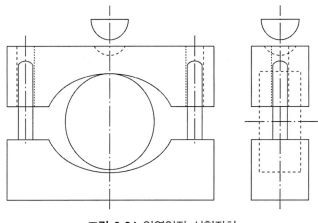

그림 3.24 압열인장 시험장치

5) 점하중시험

점하중시험(point load test)은 암석 시료에 하중을 주어 시료 내에 인장응력에 의한 파괴를 야기하는 방법이다. 점하중시험은 시험장치 휴대가 용이하고 시험방법이 간단하여 실내시험뿐 아니라 현장 시험에도 널리 사용된다. 점하중시험은 시료에 대한 별도의 성형이 필요치 않으며, 불규칙한 형태의 시료에도 적용이 가능하다. 점하중강도 I_s는 시료 파괴 시의 하중 P와 시료의 등가코어직경(equivalent core diameter) D_e를 이용해 식 (3.24)와 같이 계산할 수 있다.

$$I_s = \frac{P}{D_e^2} \tag{3.24}$$

불규칙한 시료 형상을 사용하는 경우, 등가코어직경을 구하여 점하중강도를 계산한다. 표 3.1과 그림 3.25는 시료 형상에 따라 직경방향시험, 축방향시험, 블록시험, 불규칙형상시험으로 구분하여 등가코어직경을 구하는 방법을 보여주고 있으며, 여기서 L, W, D는 각각 시료 길이, 너비, 직경을 의미한다.

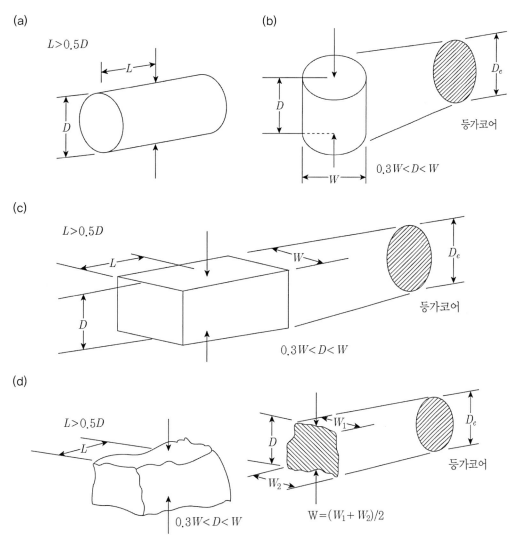

그림 3.25 시료 형상에 따른 시험방법 및 등가코어직경: (a) 직경방향시험, (b) 축방향시험, (c) 블록시험, (d) 불규칙 형상시험

표 3.1 시료 형상에 따른 점하중강도 시험방법 및 등가코어직경의 계산

시험방법	시료 형상	등가코어직경의 계산
직경방향시험(Diametral)	$L > 0.5D$	$D = D_e$
축방향시험(Axial)	$0.3W < D < W$	$D_e = \sqrt{\dfrac{4WD}{\pi}}$
블록시험(Block)	$L > 0.5D,\ 0.3W < D < W$	
불규칙형상시험(Irregular lump)	$L > 0.5D,\ 0.3W < D < W$	

점하중시험결과는 직경 50 mm의 코어 시료를 기준으로 시료 크기에 따른 보정이 필요하며, 직경 50 mm 시료의 점하중강도 $I_{s\,(50)}$는 식 (3.25)를 통해 계산할 수 있다.

$$I_{s\,(50)} = FI_s \qquad (3.25)$$

여기서, I_s는 임의의 등가코어직경 D_e에서 구한 점하중강도이며, F는 크기보정계수로 식 (3.26)과 같은 관계가 성립한다.

$$F = \left(\frac{D_e}{50}\right)^{0.45} \qquad (3.26)$$

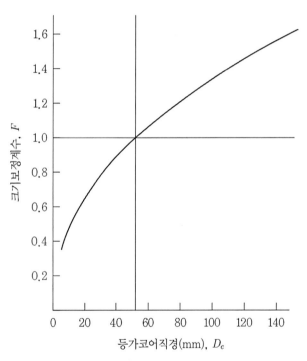

그림 3.26 등가코어직경과 크기보정계수 간의 관계

앞에서 설명한 것처럼 점하중강도는 실내 시험에도 이용되지만, 현장에서 일축압축강도 평가를 위한 간이시험으로 널리 사용된다. 다음 식 (3.27) 및 식 (3.28)을 이용하여 점하중강도 시험결과로부터 암석의 일축압축강도 σ_c 및 인장강도 σ_t를 평가할 수 있다.

$$\sigma_c = 24\,I_{s\,(50)} \tag{3.27}$$

$$\sigma_t = 0.8\,I_{s\,(50)} \tag{3.28}$$

그림 3.27은 점하중시험 시 시료의 파괴패턴을 보여준다.

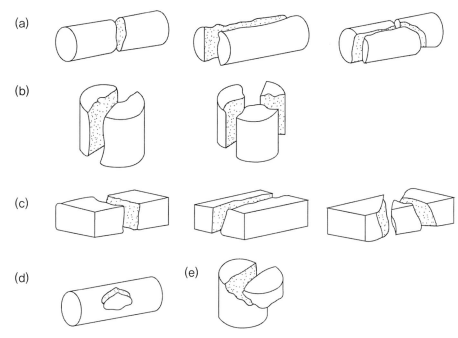

그림 3.27 점하중시험장치 및 파괴패턴: (a) 직경방향에 대한 시험결과, (b) 축방향에 대한 시험결과, (c) 블록시료에 대한 시험결과, (d) 직경방향에 대한 시험결과(실패한 경우), (e) 축방향에 대한 시험결과(실패한 경우)

6) 휨시험

휨시험(flexural test, bending test)은 시료가 휨하중 또는 굴곡하중을 받아 파괴될 때의 인장강도를 평가하는 시험으로, 굴곡시험 혹은 만곡시험이라고도 한다. 시료가 휨하중을 받게 되면 하중의 가압 위치 및 시료 형상에 따라 압축응력과 인장응력이 함께 발생하며, 시료는 인장응력에 의한 파괴가 발생한다. 휨시험에 의한 인장강도 값은 터널 천반(roof)의 층상암반에서 발생하는 휨파괴 거동 등의 모사에 유용하게 사용될 수 있으며, 순수한 인장응력에 의한 파괴강도와는 차이가 있다. 휨시험에는 일반적으로 3점 하중시험(3 points bending test)과 4점 하중시험(4 points bending test)이 주로 이용된다. 그림 3.28은 휨시험 방법을 나타낸 것으로, 3점 하중시험은 하부에 2개의 지지대(support system)를 설치하고 상부의 1점에서 재하하는 방식이며, 4점 하중시험은 하부에 2개의 지지대를 두고 상부에 2점의 하중을 재하하는 방식이다.

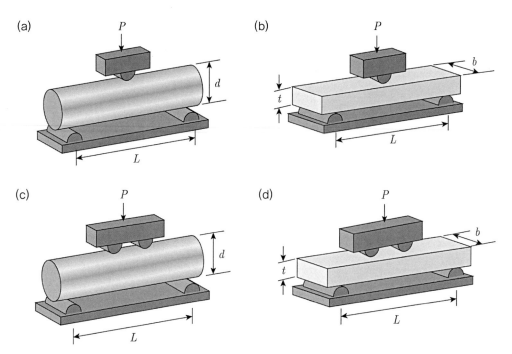

그림 3.28 휨시험 방법: (a) 코어시료 3점 하중시험, (b) 블록시료 3점 하중시험, (c) 코어시료 4점 하중시험, (d) 블록시료 4점 하중시험

휨시험에 사용되는 시료는 일반적으로 코어 형태를 취하나, 경우에 따라 직사각형 블록 형태의 시료를 사용하는 경우도 있다. 3점 하중시험에서 휨강도 σ_b는 시료의 형태에 따라 식 (3.29) 및 (3.30)을 통해 계산할 수 있다.

$$\sigma_{b,\,core} = \frac{8PL}{\pi d^3} \quad : \text{코어 시료} \tag{3.29}$$

$$\sigma_{b,\,block} = \frac{3PL}{2bt^2} \quad : \text{블록 시료} \tag{3.30}$$

여기서, P는 파괴 시의 하중, L은 하부 지지대 사이의 거리, d는 코어 시료 직경, b는 블록 시료 너비(폭), t는 블록 시료의 두께(높이)를 의미한다.

4점 하중시험의 경우에는 식 (3.31) 및 (3.32)를 통해 휨강도를 계산할 수 있다.

$$\sigma_{b,\,core} = \frac{16PL}{3\pi d^3} \; : \; \text{코어 시료} \tag{3.31}$$

$$\sigma_{b,\,block} = \frac{PL}{bt^2} \; : \; \text{블록 시료} \tag{3.32}$$

7) 직접전단시험(direct shear test)

암반공학적 현상에서 지반구조물의 파괴에는 전단변형에 의한 파괴를 동반하는 경우가 대부분으로, 암석의 전단강도를 평가하는 것은 매우 중요한 일이다. 암석의 전단시험에는 무결암(intact rock) 상태의 암석에 대한 전단강도를 평가하는 일반 전단시험과 절리면에서의 전단거동 평가에 사용되는 절리면 전단시험(joint shear test)이 존재하며, 본 절에서는 일반 전단시험법에 대해 설명한다. 일반 전단시험은 무결암에 압축하중을 가하여 시료 내에 전단파괴를 유도하는 방식으로, 그림 3.29와 같이 시험방법에 따라 크게 3가지로 나눌 수 있다. 1면 전단시험과 2면 전단시험은 전단파괴가 발생하는 면의 개수와 이를 고려한 시험장치의 구조에 차이가 있으며, 일반적으로 직사각형 블록형태의 시료가 사용된다. 펀치 시험의 경우에는 원판형의 시료를 사용하며 시료의 중심부에 시료보다 작은 직경을 갖는 고강성 강봉을 이용하여 압축하중을 가함으로써, 원판에 가한 면적에 대해 전단파괴를 발생시킨다.

시료에 별도의 수직응력 조건 없이 전단면(shear plane)에 대한 순수 전단응력만을 고려하는 경우, 시료의 전단강도 τ_s는 시험방법에 따라 식 (3.33)~(3.35)를 통해 계산할 수 있다.

$$\tau_s = \frac{P}{A}, \; \text{1면 전단시험} \tag{3.33}$$

$$\tau_s = \frac{P}{2A}, \; \text{2면 전단시험} \tag{3.34}$$

$$\tau_s = \frac{P}{\pi dt}, \; \text{펀치시험} \tag{3.35}$$

여기서, P는 파괴 시 하중, A는 시료의 전단면 면적, d는 펀치 시험에서의 가압면 직경, t는 펀치시험 원판형 시료의 두께(길이)를 의미한다.

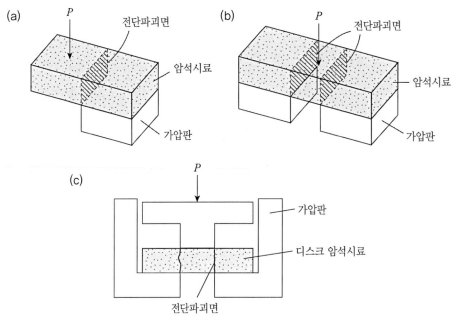

그림 3.29 암석 전단시험 모식도: (a) 1면 전단시험, (b) 2면 전단시험, (c) 펀치시험

8) 전단강도의 이론적 계산방법

① Coulomb 이론을 이용한 전단강도 계산

암석의 전단강도는 직접전단시험을 통해서 구하는 방법 외에도 간접적으로 평가할 수 있다. 파괴포락선을 직선으로 간주하여 암석의 전단강도 τ_s와 압축강도 σ_c사이의 관계를 이용하는 이론적 평가방법이 있다(그림 3.30).

Coulomb 파괴이론을 이용하는 방법은 일축압축강도 σ_c와 인장강도 σ_t에 대해 모어 응력원을 도시한 후, 두 응력원에 대한 접선인 선형 파괴포락선을 그어 파괴포락선이 τ축과 교차하는 점을 전단강도로 평가한다. 이를 수식으로 표현하면 식 (3.36)과 같다.

$$\tau_s = \frac{1}{2}\sqrt{\sigma_c \cdot \sigma_t} \tag{3.36}$$

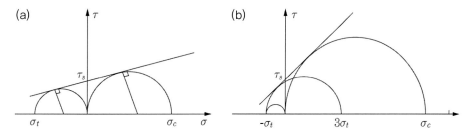

그림 3.30 전단강도의 이론적 계산: (a) Coulomb 파괴이론, (b) 압열인장시험을 고려한 전단강도

② 압열인장시험을 고려한 전단강도

압열인장시험과 일축압축강도 모어 원을 이용하는 방법은 $-\sigma_t$와 $3\sigma_t$를 각각 최소주응력 (minimum principal stress) 및 최대주응력(maximum principal stress)으로 갖는 모어 응력원과 일축압축강도 σ_c 및 인장강도 σ_t에 대한 모어 응력원을 도시 후, 이들에 접선인 선형 파괴포락선을 그어 파괴포락선이 τ축과 교차하는 점을 전단강도로 평가한다. 이를 수식 으로 표현하면 다음의 식 (3.37)과 같다.

$$\tau_s = \frac{\sigma_c \cdot \sigma_t}{2\sqrt{\sigma_t(\sigma_c - 3\sigma_t)}} \tag{3.37}$$

3.3 암석의 파괴기준

1) Mohr-Coulomb 파괴기준식

Mohr-Coulomb 파괴기준식은 Coulomb의 내부마찰각 이론과 모어의 파괴응력포락선 이 론이 접목된 파괴기준식으로, 오늘날 암반공학 분야에서 가장 널리 사용되고 있다. Mohr- Coulomb 파괴기준식은 압축응력을 받는 암석 내 파괴면에 작용하는 수직응력(normal stress)과 전단응력(shear stress)과의 관계를 직선 형태의 선형식으로 나타냄으로써 해석이 용이한 장점을 갖고 있다. 식 (3.38)은 Mohr-Coulomb 파괴기준식의 일반형을 나타낸다.

$$\tau_f = c + \sigma \tan\phi \tag{3.38}$$

여기서, τ_f 및 σ는 파괴면에 작용하는 전단응력과 수직응력을 의미하며, c는 점착력 (cohesion), ϕ는 내부마찰각(internal friction angle)을 나타낸다.

결과적으로 식 (3.38)은 암석의 파괴면에 작용하는 전단응력과 수직응력 간의 선형 관계를 의미한다. Mohr-Coulomb 파괴기준식을 이용하면, 일축압축시험과 삼축압축시험만으로도 별도의 전단시험 없이 전단강도를 계산할 수 있다. 일축압축시험 및 삼축압축시험에 의해 얻어진 모어 응력원을 $\sigma - \tau$ 평면상에 도시하면 그림 3.31과 같이 나타낼 수 있으며, 여기서 각 모어 원들의 공통접선이 Mohr-Coulomb 파괴기준식의 파괴기준선이 된다. 즉, 임의의 면에 대해 작용하는 수직응력과 전단응력이 $\sigma - \tau$ 평면에서 파괴기준선 아래에 위치한다면 이 면에서는 전단파괴가 발생하지 않음을 의미한다.

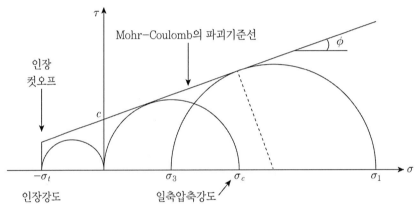

그림 3.31 Mohr-Coulomb 파괴기준

2) Hoek and Brown 경험적 파괴기준식

Mohr-Coulomb 파괴기준식의 경우, 높은 수직응력상태에서 과대한 전단응력이 계산되므로 고심도 터널 및 지하광산설계에 적용되는 데 한계를 나타낸다. Hoek and Brown(1980)은 경험적으로 암반의 파괴강도를 예측하는 방법을 제안하였으며, 신선한 암반의 최대 삼축압축 강도를 평가하는 식 (3.39)를 제안하였다.

$$\sigma_1 = \sigma_3 + (m\,\sigma_c\sigma_3 + s\,\sigma_c^2)^{0.5} \tag{3.39}$$

여기서 σ_1은 파괴 시 최대 주응력이고, σ_3은 최소 주응력(또는 삼축압축 시험의 경우, 구속압), σ_c는 무결암의 일축압축강도이며, m과 s는 무차원의 상수로 표 3.2를 사용하여 결정한다. 상수 m은 암종에 따라, 매우 교란된 암반에 대해서는 0.001로부터 무결한 경암에 대해서는 25 정도까지 변화한다. 무결한 암석에 대해서는 $s=1$이고, 절리가 많은 암석에 대해서는 $s=0$이다. 식 (3.39)를 정규화시키면 다음과 같다.

$$\frac{\sigma_1}{\sigma_c} = \frac{\sigma_3}{\sigma_c} + (m\,\frac{\sigma_3}{\sigma_c} + s)^{0.5} \tag{3.40}$$

암석의 강도와 파괴는 광물 조성, 입자 크기, 형태와 다짐 정도, 고결 물질의 유형과 양, 입자의 맞물림 정도에 영향을 받는데 표 3.2의 재료상수 m값으로 나타난다.

3.4 물의 영향

암석 내 공극수압(p_w)은 전단응력에 영향을 주지 않으나 유효응력($\sigma' = \sigma - p_w$)을 감소시켜 암석이 파괴에 이르게 될 수 있다. 그림 3.32는 삼축응력상태에서, 공극압 p_w이 작용하여, 다음과 같이 모어 원이 왼쪽으로 이동하여 파괴조건에 이르는 것을 보여주고 있다.

$$\sigma_1{}' = \sigma_1 - p_w,\ \ \sigma_3{}' = \sigma_3 - p_w \tag{3.41}$$
$$\sigma_1{}' - \sigma_3{}' = (\sigma_1 - p_w) - (\sigma_3 - p_w) = \sigma_1 - \sigma_3$$

여기서, 모어 원의 크기, 즉 전단응력의 크기에는 변화가 없다.

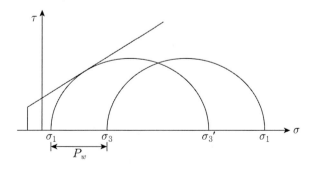

그림 3.32 공극수압이 암석의 파괴에 미치는 영향

표 3.2 암질과 재료상수 m(Hoek, 1997)

암종	클래스	그룹	조직			
			조립질	중립질	세립질	미립질
퇴적암	쇄설성		역암* 각력암*	사암 17±4	미사암 7±2 경사암 (18±3)	점토암 4±2 세일 (6±2) 이희암(marl) (7±2)
	비쇄설성	탄산염암	결정질 석회암 (12±3)	중립질 석회암 (10±2)	세립질 석회암 (9±2)	돌로마이트 (9±3)
		증발암		석고 8±2	경석고 12±2	
		유기질기원암				백악 7±2
변성암	엽리가 발달하지 않음		대리암 9±3	호온펠스 (19±4) 변성사암 (19±3)	규암 20±3	
	약간의 엽리가 발달		혼성암 (2±3)	각섬암 26±6	편마암 28±5	
	엽리가 발달**			편암 12±3	천매암 (7±3)	점판암 7±4
화성암	심성암	밝은색	화강암 32±3	섬록암 25±5		
			화강섬록암 (29±3)			
		어두운 색	반려암 27±3	조립현무암 (19±5)		
			노라이트 20±5			
	반심성암		반암 (20±5)		휘록암 (15±5)	감람암 (25±5)
	분출암	용암분출암		유문암 (25±2) 안산암 (25±5)	석영안산암 (25±3) 현무암 (25±5)	
		화산쇄설암	집괴암 (19±3)	각력암 (19±5)	응회암 (13±5)	

* 역암과 각력암의 m_i 범위는 교결물질의 성질이나 교결 정도에 따라 넓다. 따라서 사암에 해당하는 값에서부터 세립질 퇴적암(10 이하도 가능)에 해당하는 값까지 변할 수 있다.

** 층리면에 수직한 방향으로 시험한 경우에 대한 값이다. 따라서 파괴가 층리면을 따라 발생하는 경우라면 m_i의 값은 표의 값과 큰 차이를 보일 수 있다(m_i 확인 필요).

01 현장에서 채취한 암석 블록의 부피를 측정하였더니 0.2 m³이었다. 암석 블록의 건조질량이 300 kg, 완전 포화질량이 305 kg인 경우 (1) 공극률과 (2) 함수율을 구하라. (단, 물의 밀도는 1,000 kg/m³이다.)

02 직경 50 mm, 길이 100 mm인 어떤 암석시료의 p파와 s파 통과시간을 측정한 결과 각각 22 μs, 45 μs였다. 해당 암석의 밀도가 2,750 kg/m³일 때 이 암석시료의 (1) 동포아송 비, (2) 동영률, (3) 동전단계수, (4) 동체적탄성계수를 구하라.

03 직경 38 mm, 두께 70 mm의 코어 시료로 일축압축시험을 실시했다. 파괴하중이 8 kN일 때, 이 시료의 크기효과를 고려한 압축강도를 구하라.

04 점하중 강도 시험에서 직경 4 cm, 두께 3 cm인 시료로 축방향시험 시 12 kN에서 파괴되었다. 이 시료의 (1) 일축압축강도 및 (2) 인장강도는 얼마인가?

05 직경 50 mm인 암석코어에 대해 지간거리 40 cm로 하여 3점 굴곡시험 시 파괴하중이 0.5 ton이었다면 굴곡강도는 얼마인가?

06 전단강도가 10 MPa이고, 두께가 1 cm인 암석판에 직경 2 cm의 구멍을 뚫기 위하여 암석판에 수직으로 가해야 할 최소한의 힘을 구하라.

07 100 cm²의 절리면에 대한 전단 시험을 실시한 후 Mohr-Coulomb의 전단파괴식을 적용한 결과 30°의 내부마찰각을 얻었다. 1 ton의 수직하중을 주었을 때 전단파괴강도가 0.8 MPa이었다면, 2.5 ton의 수직하중에서 전단파괴강도는 얼마인가? (단, 중력가속도는 10 m/sec²로 한다.)

08 무결한 암반에 대한 최소주응력이 10 MPa 작용할 때, Hoek-Brown의 파괴 조건식을 이용하여 파괴 시의 축응력을 구하라. (단, 암반의 m = 16.58, 일축압축강도는 150 MPa이다.)

04

현지응력과 측정방법

제4장

현지응력과 측정방법

4.1 암반 내 현지응력

지하의 암반은 상부에 존재하는 지층의 밀도에 의해 중력방향으로 작용하는 상재 하중, 구속상태 및 과거의 응력이력 등으로 인해 발생된 응력의 영향을 받게 된다. 이렇게 지하 암반 주변에 작용하고 있는 응력을 현지응력이라고 한다. 현지응력은 지질학적, 구조지질학적 땅속의 상태에 대한 이해를 위해 매우 중요하지만, 암석역학 및 암반공학에서 다음의 두 가지 목적으로 인해 꼭 필요하다. 첫 번째, 엔지니어링 설계를 위한 암반 내 응력 상태에 대한 기본 지식을 습득하기 위해서이며, 이는 다음의 내용을 포함한다.

- 최대 주응력이 어떤 방향과 크기로 작용하는가?
- 암반구조물에 응력이 어떤 영향을 미칠 것인가?
- 암반의 파괴가 어느 방향으로 일어날 가능성이 높은가?
- 다른 모든 조건이 동일할 때 어느 방향으로 지하수가 흐르는가?

두 번째 목적은 암반공학적 문제의 설계 시 필요한 응력해석의 경계조건에 대한 구체적인 정보를 획득하기 위함이다. 하지만 실제로 다양한 지하구조물의 시공에 있어서 이러한 현지응력이 그대로 작용하기보다는 굴착 등의 인간의 행위에 의해 국부적으로 변화될 수 있음을 잘 상기하여야 한다.

현지응력이 실제 시공에 미치는 영향을 고려하는 시공의 예는 다음과 같다. 터널의 굴진방향 결정 시 터널 진행방향을 최대 주응력 방향에 수직으로 배열하지 않도록 한다. 만일 초기 응력이 매우 높은 경우 응력 집중을 최소화하기 위해 공동이나 터널의 형상이나 크기를 결정해야 한다. 이와 같이 암반 응력에 대한 정보는 복잡한 지하공사의 배치설계에 도움이 된다. 또한 그림 4.1과 같이 균열은 최소 주응력에 수직 방향의 평면을 따라 확장되는 경향이 있으므로 응력 방향을 알면 균열생성을 최소화 하기 위한 노선 배치 계획이 가능하다.

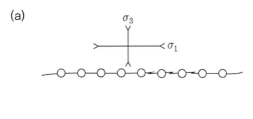

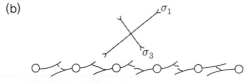

그림 4.1 현지응력 방향이 발파 굴착에 영향을 주는 사례: (a) 발파공이 최소 주응력 방향과 수직으로 배열, (b) 발파공 배열이 최소 주응력 방향과 수직 또는 수평이 아닌 경우

지질학적 불연속면 또는 암반의 굴착과정에서 발생하는 굴착면상에서는 현지응력의 방향 및 크기가 변화하게 되는데, 해당 파단면에 수직한 응력성분은 없어지며 수평한 성분만 남게 된다(그림 4.2). 또한, 이러한 파단면에서 멀어질수록 원래 지하에 작용하고 있는 거시스케일의 현지응력을 받게 된다(그림 4.3). 암반 내에 작용하는 응력의 종류와 특징이 표 4.1과 그림 4.4에 나타나 있다.

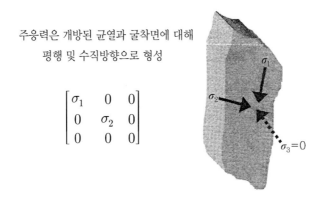

그림 4.2 암반의 자유면에 의해 주응력 방향이 자유면에 수직과 수평방향으로 변경됨

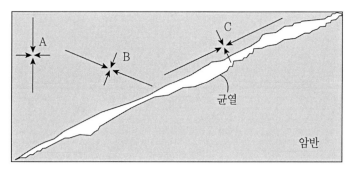

그림 4.3 충진물이 없는 균열면 주변에 주응력이 변화되는 양상

표 4.1 응력의 종류와 설명(그림 4.4 참조)

참조 번호	응력 형태	설명
1	구조 응력(Tectonic stress)	판구조에 의해 발생된 응력
2	중력	상부 암반의 중량에 의한 응력
1&2	자연 응력(Natural stress)	공학적 행위 이전에 작용하고 있던 응력
1&2	지역 응력(Regional stress)	상대적으로 큰 지질학적 영역에서의 응력
1&2	원거리 응력(Far-field stress)	근거리 밖에서 작용하고 있는 응력
3	국부 응력(Local stress)	작은 영역에서 작용하는 응력
3	근거리 응력(Near-field stress)	공학적 행위의 영향범위 내에 작용하고 있는 응력
3	유도 응력(Induced stress)	공학적 행위에 영향을 받아 변화된 자연응력
4	잔류 응력(Residual stress)	과거 구조적 활동에 의해 발생되었으나 여전히 남아 있는 응력
4	열응력(Thermal stress)	온도변화에 의해 발생한 응력
−	과거응력(Palaeostress)	더 이상 작용하지 않는 과거의 자연 응력

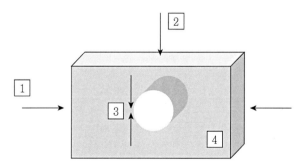

그림 4.4 응력장의 종류(표 4.2와 상호 참조)

각 학문 및 산업분야별 현지응력 정보를 요구하는 구체적인 공정 및 작업내용의 예가 표 4.2에 나타나 있다.

표 4.2 현지 응력 정보를 요구하는 작업 및 분야들

토목공학/굴착공학	지하공간 굴착 안정성 광주설계 암반 압출 예측 댐 사면 안정성 평가	천공 및 발파 지보설계 유체유동 및 오염물질 이동
에너지 개발	시추공 안정성 및 편향 암반파쇄 및 균열전파 저류층 생산 관리	시추공 변형 및 파괴 유체이동 및 지열 에너지 개발 및 저장
지질학/지구물리	조산운동 판구조론 화산학	지진 예측 구조지질 빙하작용

4.2 수직응력

지표면은 전단응력과 수직응력이 작용하지 않는 면이다. 지표면에서 지하로 내려갈수록 수평면에 작용하는 수직응력은 증가하게 되며, 수평방향의 구속에 의해 수평응력도 증가하게 된다. 그림 4.5a와 같이 지표면이 평평한 경우 3개의 주응력 방향 중 하나가 연직방향이며, 나머지 두 주응력 방향이 수평방향이라 가정할 수 있다. 암반이 어느 정도 균질하다고 가정하면 깊은 지점에서도 이러한 응력상태가 존재할 것으로 예측할 수 있다.

이와 같이 주응력 방향을 미리 알게 되면 각 방향에 작용하는 3개의 주응력을 측정하거나

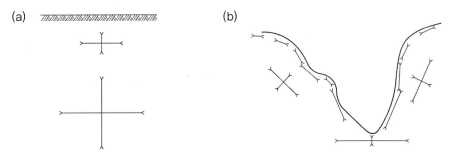

그림 4.5 지형이 현지응력에 미치는 영향(Goodman, 1989)

계산할 수 있다. 그러나 그림 4.5b와 같이 지표면이 평탄하지 않은 계곡 지형에서의 주응력은 수평과 수직방향으로 형성되지 않는다. 즉, 이 경우 지표면 부근에서 주응력 방향은 지표면에 수직한 방향 그리고 지표면 접선방향의 두 방향이 될 것이다. 이는 지형이 현지응력에 미치는 영향이 크다는 것을 의미한다.

평균적으로 상재 암반하중에 의한 응력을 수직응력으로 가정할 수 있다. 이때 수직응력(σ_v) 은 다음과 같이 깊이에 따라 선형적으로 증가하는 것으로 평가하여 계산할 수 있다.

$$\sigma_v = \gamma Z \qquad (4.1)$$

여기서, γ: 암석의 평균단위중량 Z: 수직심도

이 공식은 수많은 현장에서 현지계측을 통해 입증된 신뢰할 수 있는 응력산정 공식 중 하나이다(그림 4.6). 하지만 앞서 언급한 대로 지질 구조는 주응력 방향을 바꿀 수 있으므로 현장의 지질학적 영향을 고려하여 적용하는 것이 바람직하다. 표 4.3은 심도에 따른 수직응력 의 변화에 대한 여러 연구 결과를 정리한 것이다.

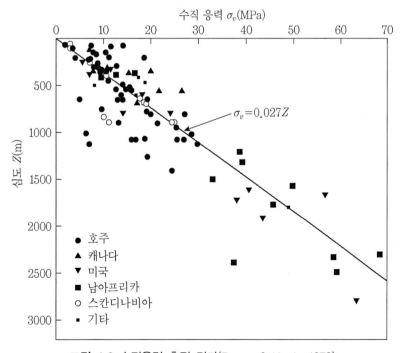

그림 4.6 수직응력 측정 결과(Brown & Hoek, 1978)

표 4.3 심도에 따른 수직응력의 변화(Amadei & Stephansson, 1997)

제안자	심도 Z(m)에 따른 수직응력(MPa)의 변화	지역과 심도 범위(m)
Herget (1974)	$(1.9\pm1.26)+(0.0266\pm0.0028)z$	World data (0~2400)
Lindner and Halpern (1977)	$(0.942\pm1.31)+(0.0339\pm0.0067)z$	North America (0~1500)
Brown and Hoek (1978)	$0.0272z$	World data (0~3000)
McGarr and Gay (1978)	$0.02652z$	World data (100~3000)
Herget (1987)	$0.0262-0.0324z$	Canadian Shield (0~2200)
Arjang (1989)	$(0.0266\pm0.008)z$	Canadian Shield (0~2000)
Baumgartner et al. (1993)	$(0.0275-0.0284)z$	KTB pilot hole (800~3000)
Herget (1993)	$0.0285z$	Canadian Shield (0~2300)
Sugawara and Obara (1993)	$0.0272z$	Japanese Islands (0~1200)
Te Kamp, Rummel and Zoback (1995)	$(0.0275-0.0284)z$	KTB hole (0~9000)
Lim and Lee (1995)	$0.233+0.0242z$	South Korea (0~850)

4.3 수평응력

수직응력이 상재 암반하중으로 비교적 간단히 평가가 되는 것에 비해 수평응력은 지역 및 지질학적 요인에 따른 변화가 크기 때문에 평가가 쉽지 않다. 수평응력의 규모에 관해서는 수평응력(σ_h)과 수직응력(σ_v)의 비율인 측압계수(K)가 주로 사용된다.

$$K = \frac{\sigma_h}{\sigma_v} \tag{4.2}$$

암반이 완전 탄성체일 경우 K는 $\nu/(1-\nu)$와 같다. 따라서 수평응력(σ_h)은 다음과 같이 표현될 수 있다.

$$\sigma_h = \left(\frac{\nu}{1-\nu}\right) \cdot \sigma_v = K \cdot \sigma_v \tag{4.3}$$

여기서, ν는 암석의 포아송 비(Poission ratio)이다.

포아송 비 ν가 일반적으로 0과 0.5 사이의 값을 가지기 때문에 식 (4.3)에 의한 측압계수 K는 0과 1 사이의 값을 가져야 하지만 실제 측정결과는 1을 넘는 경우도 많다.

앞서 언급한 대로 수직응력과는 달리 아직까지는 수평응력을 이론적으로 평가하는 합리적인 방법이 제시되어 있지 않기 때문에 중요한 암반구조물의 설계 시 반드시 실제 측정을 통하여 현지응력의 수평방향성분을 결정하는 것이 필요하다.

예제 1

그림 4.7에서 심도 Z_0에 위치한 단위면적의 암석에 작용하는 수직응력과 수평응력을 가정하자. 초기 측압계수는 K_0이다. 상부에서 $\triangle Z$만큼 지층을 제거함으로써 상재하중 감소가 일어난다고 했을 때, $\gamma \triangle Z$의 수직응력 감소가 발생하고, 이에 따라 $\gamma \triangle Z \nu /(1-\nu)$의 수평응력 감소가 발생하게 된다. 따라서, $Z = Z_0 - \triangle Z$만큼 감소한 새로운 조건에서의 수평응력은 $K_0 \gamma Z_0 - \gamma \triangle Z \nu (1-\nu)$이 된다. 이를 이용하여 측압계수를 심도에 대한 변수로 다시 정리하면 다음과 같이 표현될 수 있다.

$$K(Z) = K_0 + \left[\left(K_0 - \frac{\nu}{1-\nu} \right) \triangle Z \right] \cdot \frac{1}{Z} \tag{4.4}$$

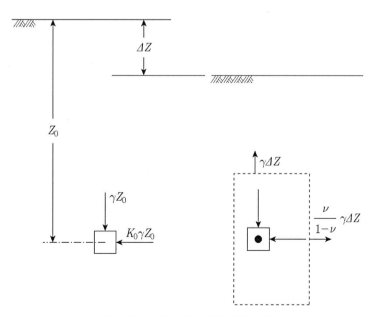

그림 4.7 심도에 따른 응력 감소 효과

Brown and Hoek(1978)은 그림 4.8에서와 같이 여러 지역에서 측정된 현지응력 결과들을 통해 $K(Z)$의 범위를 다음 식 (4.5)와 같이 도출하였다.

$$0.3 + \frac{100}{Z} < \overline{K} < 0.5 + \frac{1500}{Z} \tag{4.5}$$

여기서 Z는 미터(m) 단위의 깊이이며 $\overline{K}$는 측압계수의 평균이다.

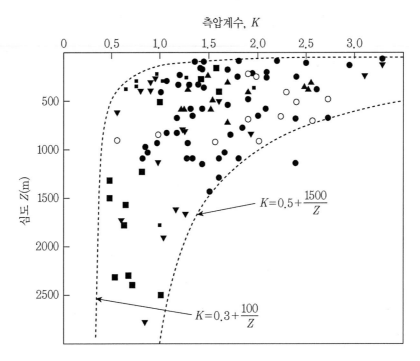

그림 4.8 현지응력 측정 결과를 이용한 심도별 측압계수 분포

$K(Z)$에 대한 모든 방정식과 실제 측정된 데이터는 일관되게 Z에 반비례하는 것으로 확인된다. 따라서 이러한 범위를 통해 측정치가 없는 경우의 심도에서의 측압계수의 대략적인 변동 범위를 평가할 수 있다. 이와 같이 수평응력의 크기는 개략적인 평가만 가능하지만, 수평응력의 방향은 그림 4.9와 같이 지질구조를 여러 가지 응력지시 정보를 이용해서 추정치를 제시할 수 있는 경우가 많다. 표 4.4는 심도에 따른 수평응력 값의 추정치에 대한 여러 연구 결과들을 정리한 것이다. 또한, 표 4.5는 심도에 따른 최대, 중간, 최소 주응력의 추정식

에 대한 예를 보여준다.

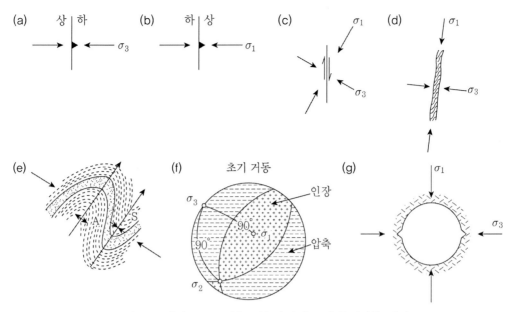

그림 4.9 지질구조 특성을 이용하여 추론된 응력방향 예시

표 4.4 심도에 따른 수평응력성분의 변화양상(Amadei & Stephansson, 1997)

제안자	심도 Z(m)에 따른 수평응력성분(MPa)과 K의 변화	지역과 심도 범위(m)
Voight (1966a)	$\sigma_{Ha}=8.0+0.043z$	World data (0~1000)
Herget (1974)	$\sigma_{Ha}(8.3\pm0.5)+(0.0407\pm0.0023)z$	World data (0~800)
Van Heerden (1976)	$K_{Ha}=0.448+248/z$ (r=0.85)	Southern Africa (0~2500)
Worotnicki and Denham (1976)	$\sigma_{Ha}=7.7+(0.021\pm0.002)z$ (r=0.85)	Australia (0~1500)
Haimson (1977)	$\sigma_H=4.6+0.025z$ $\sigma_h=1.4+0.018z$ (r=0.95)	Michigan Basin (0~5000)
Lindner and Halpern (1977)	$\sigma_{Ha}=(4.36\pm0.815)+$ $(0.039\pm0.0072)z$	North America (0~1500)
Brown and Hoek (1978)	$K_{Ha}=(0.3+100/z) \sim (0.5+1500/z)$	World data (0~3000)
Aytmatov (1986)	$(\sigma_H+\sigma_h)=$ $(9.5+0.075z) \sim (5.0+0.058z)$	World data (mostly former USSR) (0~1000)

제안자	심도 Z(m)에 따른 수평응력성분(MPa)과 K의 변화	지역과 심도 범위(m)
Li (1986)	$\sigma_{Ha}=0.72+0.041z$; K_{Ha} between $0.3+100/z$ and $0.5+440/z$	China (0~500)
Rummel (1986)	$K_H=0.98+250/z$; $K_h=0.65+150/z$	World data (500~3000)
Herget (1987)	$\sigma_{Ha}=9.86+0.0371z$ $\sigma_{Ha}=33.41+0.0111z$ $K_{Ha}=1.25+267/z$ $K_H=1.46+357/z$ $K_h=1.10+167/z$	Canadian Shield (0~900) (900~2200) (0~2200)
Pine and Kwakwa (1989)	$\sigma_H=15+0.028z$ $\sigma_h=6+0.012z$	Carnmenellis granite Cornwall, UK (0~2000)
Arjang (1989)	$\sigma_H=8.8+0.0422z$ $\sigma_h=3.64+0.0276z$ $\sigma_{Ha}=5.91+0.0349z$	Canadian Shield (0~2000)
Baumgärtner et al. (1993)	$\sigma_H=30.4+0.023z$; $\sigma_h=16.0+0.011z$ $\sigma_h=1.75 + 0.0133z$	KTB pilot hole (800~3000) Cajon Pass hole (800~3000)
Sugawara and Obara (1993)	$\sigma_{Ha}=2.5+0.013z$	Japanese Islands (0~1200)
Hast (in Stephansson, 1993)	$\sigma_H=9.1+0.0724z$ (r=0.78) $\sigma_h=5.3+0.0542z$ (r=0.83)	Fennoscandia overcoring (0~1000)
Stephansson (1993)	$\sigma_H=10.4+0.0446z$ (r=0.61) $\sigma_h=5+0.0286z$ (r=0.58) $\sigma_H=6.7+0.0444z$ (r=0.61) $\sigma_h=0.8+0.0329z$ (r=0.91) $\sigma_H=2.8+0.0399z$ (r=0.79) $\sigma_h=2.2+0.0240z$ (r=0.81)	Fennoscandia Leeman–Hiltscher overcoring (0~700) Leeman–type overcoring (0~1000) Hydraulic fracturing (0~1000)
Te Kamp, Rummel and Zoback (1995)	$\sigma_H=15.83+0.0302z$ $\sigma_h=6.52+0.01572z$	KTB hole (0~9000)
Lim and Lee (1995)	$\sigma_{Ha}=1.858+0.018z$ (r=0.869) $\sigma_{Ha}=2.657+0.032z$ (r=0.606)	South Korea overcoring (0~850) Hydraulic fracturing (0~250)

표 4.5 심도에 따른 최대, 중간, 최소 주응력성분의 변화(Amadei & Stephansson, 1997)

제안자	심도 Z(m)에 따른 최대, 중간, 최소 주응력성분(MPa) 변화	지역과 심도 범위(m)
Herget (1993)	$\sigma_1=12.1+(0.0403\pm0.002)z$ (r=0.84) $\sigma_2=6.4+(0.0293\pm0.0019)z$ (r=0.77) $\sigma_3=1.4+(0.0225\pm0.0015)z$ (r=0.75)	Canadian Shield (0~2,300)
Stephansson (1993)	$\sigma_1=10.8+0.037z$ (r=0.68) $\sigma_2=5.1+0.029z$ (r=0.72) $\sigma_3=0.8+0.020z$ (r=0.75)	Sweden (0~1,000)

4.4 세계응력지도

세계응력지도(World Stress Map, WSM) 작성 프로젝트는 지구의 지구조적인 현지 응력장에 대한 방향과 상대적 규모를 데이터베이스화 하기 위한 글로벌 협력 프로젝트로 진행되고 있다(Zoback, 1992). 1992년에 7,300개 이상의 현지응력 측정 데이터가 디지털 데이터베이스에 수집되었으며, 해마다 몇 개 기관에 의해 지속적으로 갱신되고 있다. 그림 4.10은 2016년도에 발간된 세계응력지도를 보여주고 있다. 세계응력지도에 기재가 되는 응력정보는 국제적으로 통용되는 방법인 수압파쇄법(hydraulic fracturing), 오버코어링법(over coring), 단층의 메커니즘(focal mechanism), 시추유발 인장균열방향(drilling induced tensile fracture), 공벽파괴(borehole breakout), 지질학적 응력지시자 등에 의해 추정된 결과이다. 또한, 데이터의 신뢰도에 따른 A, B, C 세 등급으로 품질을 함께 표기한다.

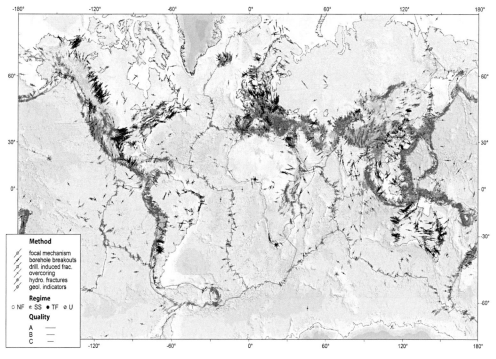

그림 4.10 세계응력지도(Heidbach et al., 2016)

4.5 수압파쇄법

수압파쇄법(hydraulic fracturing method)은 시추공의 격리구간을 통해 물을 주입하여 수압을 작용시켜 공벽에 균열을 발생시키는 방법이다. 이 방법은 원래 유정의 생산량을 증가시키기 위해 유정 주변의 저류층에 균열을 발생시키기 위한 방법으로 고안되었다. 수압파쇄법이 현지응력을 측정하는 방법으로 가장 많이 이용되는 이유는 암반의 변형계수와 같은 역학적 상수를 필요로 하지 않고 대심도 시추공에서 직접 측정할 수 있는 유일한 방법이기 때문이다(Amadei and Stephansson, 1997). 그림 4.11은 일반적인 수압파쇄 장비의 구조를 나타내고 있다.

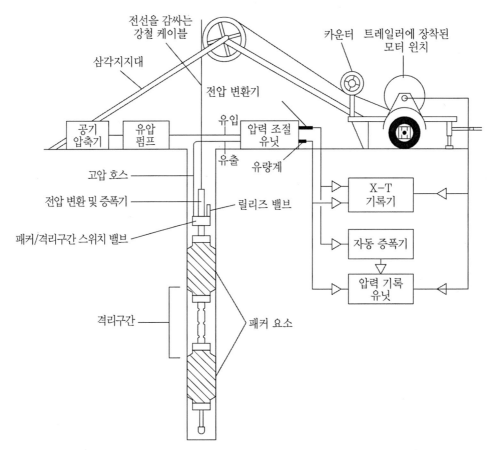

그림 4.11 수압파쇄 장비 모식도(Amadei and Stephansson, 2007)

수압파쇄를 이용한 현지응력 평가절차는 다음과 같다.

① 패커에 의해 격리된 시추공의 특정 구간에 펌프를 이용하여 물이 주입된다. 주입에 따라 구간에 작용하는 수압이 증가하게 되며, 시추공 공벽에 작용하는 현지응력이 점차 감소하면서 공벽에는 인장응력이 작용하게 된다. 이 인장응력이 암반의 인장강도 $(-T_o)$에 도달하면 균열이 발생하고, 이때의 공벽에 작용하는 압력을 균열개시압력 (Fracture initiation pressure, P_c)이라고 한다(그림 4.12).

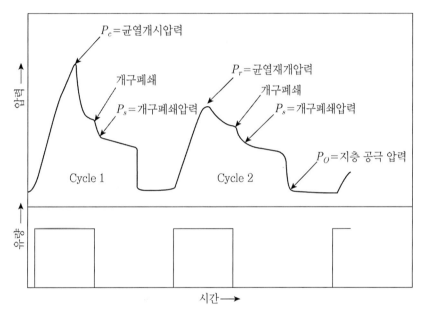

그림 4.12 이상적인 수압파쇄 과정의 시간에 따른 압력 및 유량 곡선

② 만일 계속해서 주입을 지속하게 되면, 균열은 확장되고 공내 압력은 개구폐쇄압력 (shut-in pressure)이라 불리는 P_s로 떨어지게 된다.

③ 압력이 떨어지면서 닫혔던 수압파쇄 균열에 수압을 다시 가하게 되면 다시 열리게 되는데, 이때 균열이 다시 열리는 압력을 균열재개압력(reopening pressure)이라고 하며, P_r로 표기한다.

그림 4.13은 수압파쇄시험 시 시추공 주변의 응력상태와 균열의 발생위치를 나타낸 것이다.

균질하고 탄성 등방체의 성질을 갖는 암반에 원형 공동 주변의 응력해는 커쉬해(Kirsch solution)로부터 계산할 수 있다. 수압파쇄를 위한 시추공 주변에 작용하는 2개의 수평주응력에 대해서 커쉬해를 적용하면, 시추공 벽면에 작용하는 접선응력을 계산할 수 있다. 시추공벽에 작용하는 접선응력이 최소가 되는 지점은 최대수평응력이 작용하는 지점이며 이때 접선응력의 크기는 다음 식 (4.6)과 같다.

$$\sigma_\theta = 3\sigma_h - \sigma_H \tag{4.6}$$

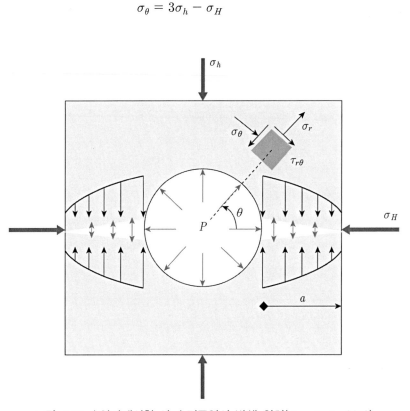

그림 4.13 수압파쇄시험 시 수직균열의 발생 위치(Jin et al., 2013)

시추공의 수압이 P일 때, 시추공 주위의 모든 지점에서 수압에 의해서 $-P$만큼의 인장응력이 작용하게 된다. 공벽에 수직 인장균열이 발생할 조건은 최소접선응력이 작용하는 A지점에서의 인장응력이 $-T_o$만큼의 인장 강도와 같아야 한다는 것이다. 즉, A지점에 작용하고 있는 현지응력에 의한 접선응력(식 (4.6))과 수압($-P$)에 의한 최종 인장응력이 $-T_o$와 같아야 수압파쇄균열이 발생하게 된다. 이때의 수압이 결국 균열개시압력인 P_c가 된다.

$$3\sigma_h - \sigma_H - P_c = T_o \qquad (4.7)$$

균열은 최소수평주응력 방향에 수직한 방향으로 발생하고, 균열면에 작용하는 수압이 보다 큰 경우에 균열이 열리고 계속 전파될 것이기 때문에 최소수평주응력의 크기는 개구폐쇄압력 P_s와 같을 것이다. 즉,

$$\sigma_h = P_s \qquad (4.8)$$

만일 공벽의 압력을 떨어뜨린 후 P_s값 이상으로 다시 상승시키면, 수압파쇄균열은 다시 열리게 된다. 이때 균열이 열리는 압력은 P_c보다 작은 새로운 최대 압력인 P_r이 된다. 기존 수압파쇄균열이 열리게 되면 이 지점에서의 인장강도는 0이라 가정할 수 있으므로 식 (4.7)의 T_o와 P_c를 각각 0과 P_r로 대체하고, 결과 방정식에서 식 (4.7)을 빼면 실험 조건에 적용할 수 있는 공벽주위의 암석의 인장 강도에 대한 공식이 식 (4.9)와 같이 계산된다.

$$T_o = P_c - P_r \qquad (4.9)$$

수압파쇄 시험 및 현지응력 중 수직응력에 대해 이미 알고 있는 정보를 종합하면 현지응력 3성분을 다음과 같이 구할 수 있다.

1) 수직응력: $\sigma_v = \gamma \cdot Z$
2) 최소수평주응력: $\sigma_h = P_s$ (식 (4.3)으로부터)
3) 최대수평주응력: $\sigma_H = 3P_s - P_r$ (식 (4.2), (4.3), (4.4)로부터)

4.6 응력보상법

응력보상법(flat jack method)은 그림 4.14와 같은 플랫잭을 이용하는 방법이다. 그림 4.15와 같이 굴착면에 촘촘하게 겹쳐진 수평천공을 하거나 슬롯을 형성시키면 응력이 개방

된다. 응력개방에 의해 발생한 변위를 슬롯에 삽입된 플랫잭을 통해 압력을 가해 원래 상태로 회복시키게 되면, 이때 필요한 압력이 플랫잭에 수직으로 작용하고 있던 수직응력이 된다(그림 4.16). 플랫잭 시험은 한 가지 응력성분만을 측정할 수 있기 때문에 총 6개의 3차원 응력성분을 결정하기 위해서는 방향을 달리하여 6번의 시험이 실시되어야 한다.

플랫잭 방법은 현지응력 측정법 중 초기에 고안된 방법이며, 응력성분이 직접 측정되기 때문에 암석의 탄성정수들을 미리 알아야 할 필요가 없고 시험법이 간편하고 저렴하다는 장점이 있다. 하지만 시험이 주로 교란된 굴착면에서 이루어져야 하기 때문에 실제 현지응력과 차이가 있다는 단점이 있다.

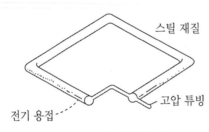

그림 4.14 유압 플랫잭

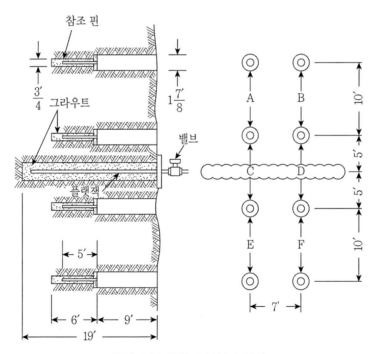

그림 4.15 플랫잭 시험의 배치

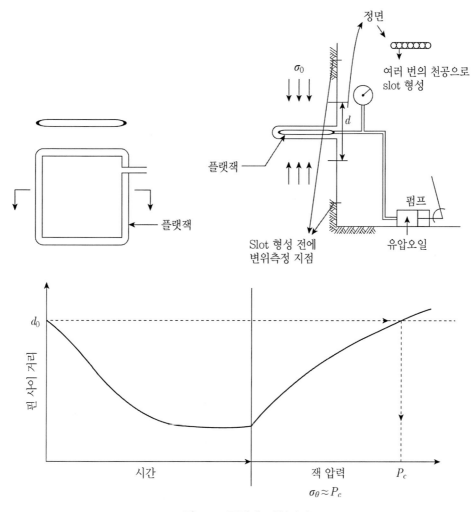

그림 4.16 플랫잭 시험과정

플랫잭을 이용한 현지응력의 계산은 다음과 같다.

만약 주응력 방향 중 하나가 직선 터널의 축과 일치할 때, 터널 굴착 전 터널축에 수직한 단면의 초기 응력상태는 $\{\sigma_{x0}, \sigma_{y0}, \tau_{xy0}\}$의 2차원 응력으로 표시할 수 있다. 플랫잭을 이용하여 터널 벽면 부근의 3지점에서 접선응력 $\{\sigma_{\theta 1}, \sigma_{\theta 2}, \sigma_{\theta 3}\}$를 측정했다면,

$$\begin{Bmatrix} \sigma_{\theta 1} \\ \sigma_{\theta 2} \\ \sigma_{\theta 3} \end{Bmatrix} = \begin{pmatrix} a_{11} & a_{12} & a_{13} \\ a_{21} & a_{22} & a_{23} \\ a_{31} & a_{32} & a_{33} \end{pmatrix} \begin{Bmatrix} \sigma_{x0} \\ \sigma_{y0} \\ \tau_{xy0} \end{Bmatrix} \tag{4.10}$$

여기서 a_{ij}는 굴착단면 형상과 관련 있는 계수행렬의 상수로서 해석적으로 또는 수치해석적으로 계산할 수 있다. 계수행렬의 각 열은 초기응력이 각각 $\{\sigma_{x0}, \sigma_{y0}, \tau_{xy0}\}$ = { 1, 0, 0 }, { 0, 1, 0 }, { 0, 0, 1 }일 때 $\{\sigma_{\theta 1}, \sigma_{\theta 2}, \sigma_{\theta 3}\}$의 값을 의미한다.

예제 2

원형 터널의 천단(R)과 측벽(W)에서 각각 플랫잭을 설치하였을 때, 현지응력이 수평과 수직 성분으로 구성되고 터널 반경이 플랫잭의 폭에 비해 크다면 식 (4.10)은 다음과 같이 단순화된다.

$$\begin{Bmatrix} \sigma_{\theta, W} \\ \sigma_{\theta, R} \end{Bmatrix} = \begin{pmatrix} -1 & 3 \\ 3 & -1 \end{pmatrix} \begin{Bmatrix} \sigma_j \\ \sigma_v \end{Bmatrix} \tag{4.11}$$

이 관계를 통해 수직방향과 수평방향 주응력은 각각 다음과 같이 정리된다.

$$\sigma_h = \frac{1}{8}\sigma_{\theta, W} + \frac{3}{8}\sigma_{\theta, R} \tag{4.12}$$

$$\sigma_v = \frac{3}{8}\sigma_{\theta, W} + \frac{1}{8}\sigma_{\theta, R} \tag{4.13}$$

4.7 응력해방법

응력해방법(stress relief method)은 암반의 일부분을 부분적으로 혹은 완전히 현지응력장으로부터 격리시킨 후 격리된 암반에서 발생되는 변형을 측정함으로써 응력을 계산하게 된다. 이때 암반의 격리방법으로는 오버코어링(overcoring), 언더코어링(undercoring), 슬롯형성법 등이 있다. 암반에 변형률 측정장치, 변위계, 응력계 등을 설치한 후 응력개방에 의해 얻어지는 변형량을 측정하고, 탄성이론식에 의해 암반의 응력을 계산한다. 굴착면에서 변형을 측정하는 경우도 있지만 오버코어링 방법을 이용한 공내 측정법이 널리 이용되고 있다.

그림 4.17은 오버코어링에 의한 측정단계를 보여 준다. 응력을 측정하고자 하는 지점에 먼저 대구경 천공을 실시한다(그림 4.17a). 교란되지 않은 현지응력값을 측정하기 위해서는 측정공의 길이가 충분히 길어야 한다(대략 공동 직경의 1.5~2.5배 이상). 다음으로 공저로부터 소형 측정 공을 천공한 후 측정장치가 삽입된다(그림 4.17b). 측정공은 바깥쪽 대구경 공과 동심원이 되도록 세심한 주의가 필요하다. 마지막 단계로서 대구경 비트로 측정공 주위를 다시 천공하여 측정공을 주위의 응력장으로부터 격리시키면서 변위나 변형률의 변화를 측정한다(그림 4.17c). 측정이 완료된 후, 측정 공 천공 시 얻어진 암편을 이용하여 탄성상수를 측정한다.

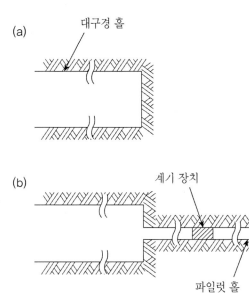

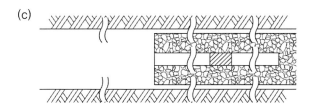

그림 4.17 오버코어링 순서(Amadei and Stephansson, 1997)

오버코어링을 이용하는 방법들로는 미광무국(USBM)에서 개발한 공경변형법, 남아프리카 공화국의 CSIR(Council for Scientific and Industrial Research)에서 개발한 공벽변형법

(Leeman method), 공저변형법(Doorstoper method), 호주의 CSIRO(Commonwealth Scientific and Industrial Research Organization)에서 개발된 CSIRO HI(CSIRO Hollow Inclusion) Cell 이용법(Worotnicki, 1993), 천공 후 공저를 구형이나 원뿔형으로 성형하여 변형률 측정셀을 부착시킨 다음 오버코어링하는 방법(Sugawara and Obara, 1995) 등이 대표적이다.

4.8 기타 간접 측정법

1) Acoustic Emission(AE) 법

미소파괴음(Acoustic Emission, AE)은 일반적으로 20 kHz에서 1 MHz 사이의 초음파 범위 내에서 물질 내 소스에서 에너지가 빠르게 방출되어 탄성파가 발생하는 현상을 의미한다. 탄성파는 고체를 통해 표면으로 전파되며, 센서들을 이용해서 기록된다.

AE 방법은 카이저 효과(Kaiser effect)를 이용하는 방법이다. 카이저 효과란 하중을 받고 있는 재료가 과거에 받았던 하중 이상의 하중을 받게 되었을 때 음파를 방출하는 현상을 의미한다. 재료가 과거에 받았던 하중에 도달하기 전까지는 탄성적으로 거동하게 된다. 카이저 효과가 재료 내에 영구적으로 존재한다면 재료가 과거의 최대 응력 수준에 도달하기 전에는 음향 방출이 거의 또는 전혀 기록되지 않는다.

그림 4.18은 시추코어에 반복적인 압축하중을 단계적으로 증가시키면서 가하는 실험을 나타낸다. 각 재하주기(loading cycle)마다 AE 발생이 급증하는 지점은 전 사이클에서의 최대하중과 일치함을 보여준다. 이를 이용하여 단계적 하중을 가하는 일축압축 시험을 통해 AE 발생을 모니터링 함으로써 암석이 심부에서 받았던 현지응력의 최대주응력값을 평가하는 것이 가능하게 된다.

현지응력의 크기뿐만 아니라 음향방출의 증가가 나타나는 지점에 대한 위치추적(source location)을 통해 최대주응력의 방향도 평가가 가능하다(Kanagawa et al., 1977; Ljunggren et al., 2003; Seto et al., 1997). Utagawa(1997)는 AE 방법으로 추정된 응력크기가 오버코어링 및 수압파쇄법에 의해 구해진 데이터값과 유사하다는 연구결과를 도출하였다.

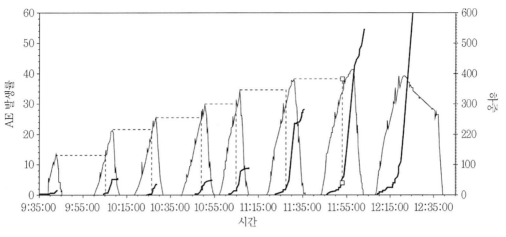

그림 4.18 반복 하중재하 시험에서 카이저 효과

2) 편차변형률곡선분석(Differential Strain Curve Analysis, DSCA)

편차변형률곡선분석(DSCA) 방법은 Strickland and Ren(1980)이 고안한 방법으로 시추코어가 심부에서 추출될 때 미세균열이 발생하게 되는데, 이때 미세균열의 방향이 현지응력 방향을 따라 발달하게 된다는 원리를 이용한 방법이다. 시추코어를 정수압(hydrostatic pressure) 조건으로 구속시키게 되면 발생되었던 미세균열이 닫히게 되는데, 이때 발생되는 변형률을 여러 방향에서 측정하게 된다. 이때 주변형률(principal strain)의 방향이 현지응력의 주응력 방향을 나타내게 된다. 또한, 각 주변형률의 비율이 현지 주응력 크기의 비와 대응된다. 따라서 상재하중을 고려한 수직주응력과 같이 현지응력의 한 성분을 알게 되면 나머지 성분들의 크기도 계산할 수 있다. 이 방법은 시추코어만 있으면 적용할 수 있다는 장점이 있으나 실제 적용에 있어서 마이크로스케일에서의 아주 작은 미세 변형률을 기반으로 평가하게 되기 때문에 오차가 매우 크게 발생하는 것으로 보고되고 있다.

3) 비탄성변형률복원(Anelastic Strain Recovery, ASR)

ASR 방법은 시추코어가 암반으로부터 제거되고, 암반은 코어의 응력이 사라짐에 따라 이완되면서 팽창하게 되는데, 이때 열려 있으면서 연결된 미세균열을 이용하여 현지응력을 평가한다. DSCA와 마찬가지로 시추코어가 회수될 때 발생하는 변형률 회복과정이 미세균열의 성장방향에 따라 비탄성적으로 진행된다는 이론에 기초하고 있는 방법이다. 실내실험을 통해 시추코어의 주변형률 방향을 얻을 수 있으며, 이 주변형률 방향이 현지응력의 주응력 방향과 대응되게 된다. 현지응력의 크기는 구성방정식을 가정하여 평가해야 한다는 제약이 있다. 이 방법 역시 마이크로스케일의 변형률 평가로 인한 불가피한 오차로 인해 오버코어링 및 수압파쇄 방법으로 측정한 응력 방향과 꽤 큰 오차를 나타내는 것으로 보고되고 있다.

Teufel(1983)은 ASR 방법으로 얻어진 응력 방향을 오버코어링 방법으로 측정된 현지응력 데이터와 비교하는 실험을 진행하였다. 이때 ASR 방법에서 온도에 의한 열변형률, 코어 샘플의 수분감소, 공극유체압력 확산, 불균질한 회복변형, 암반의 이방성, 시추이수와 암반 의 상호작용, 잔류 변형률, 코어 회수시간, 코어 절대방향성의 정확도와 같은 요인들의 복합 적인 작용으로 인해 값들의 오차가 발생하게 된다고 보고하였다.

4) 변형속도분석(Deformation Rate Analysis, DRA)

DRA 방법은 시추코어에 주기적인 일축압축하중을 가할 때 발생하는 시료의 영구변형률 (전체변형률에서 탄성변형률을 제거한 값)이 시추코어가 추출되기 전에 있던 심부의 현지응 력 값 이전까지 증가하다 그 이후에 감소하는 현상을 이용하여 현지응력을 평가하는 방법이 다. Utagawa et al.(1997)은 DRA 방법을 수행할 때 영향을 줄 수 있는 요소들에 대해서 실험을 진행하여 분석하였다. DRA를 통한 응력의 평가는 하중재하시간이 증가하면 영구변형 률의 변곡점이 확실하게 나타나지 않게 되고, 이는 결국 마이크로스케일에서의 미세균열변형 의 측정으로 인한 영향이라는 것을 확인하였다.

5) 코어직경변형분석(Diametrical Core Deformation Analysis, DCDA)

기존의 시추코어를 활용하여 현지응력을 평가하는 실험적인 방법(AE, ASR, DSCA, DRA)들은 현장 테스트를 통한 현지응력 측정 방법에 비해 비용과 장비 측면에서 효율성을 보이나, 대부분 코어링 당시 응력의 해방으로 발생하는 시추코어 내부의 변형, 미세균열 발생, 변형률 변화양상 등을 마이크로스케일에서의 매우 작은 변형에 기반하여 평가하기 때문에 응력상태의 추정과정에 서 큰 오차가 발생하게 됨이 알려져 있다(Funato and Ito, 2017; Ljunggren et al., 2003).

이러한 시추코어 기반의 응력평가 방법의 문제를 해결하기 위한 대안으로 시추코어의 단면 형상을 이용한 현지응력 평가방법이 보고되었다. Funato and Ito(2017)가 제안한 코어직경

변형분석(Diametrical Core Deformation Analysis, DCDA)은 심부암반으로부터 시추코어를 추출할 때, 추출된 시추코어는 비등방적인 현지응력의 구속으로부터 해방됨에 따라 직경이 비대칭적으로 늘어나게 되는 탄성이론에 기초한 방법이다. 암반에 그림 4.19와 같이 최대, 최소주응력 방향으로 현지응력이 존재하고 코어링을 통해 시추코어는 암반의 응력으로부터 해방되고 최대주응력방향으로 코어 직경이 더 크게 팽창하게 된다. 이때 현지응력의 최대수평주응력(σ_H)과 최소수평주응력(σ_h) 방향 및 크기에 따라 직경 변위의 차이가 발생하고, 이것을 기반으로 제안한 식 (4.14)를 통해 현지응력을 평가한다.

$$\sigma_H - \sigma_h = \frac{E}{1+\nu} \frac{d_{\max} - d_{\min}}{d_0} \approx \frac{E}{1+\nu} \frac{d_{\max} - d_{\min}}{d_{\min}} \tag{4.14}$$

(E: 탄성계수, ν: 포아송비, $d_{\max}$: 최대직경, $d_{\min}$: 최소직경, d_0: 코어의 변형 전 직경)

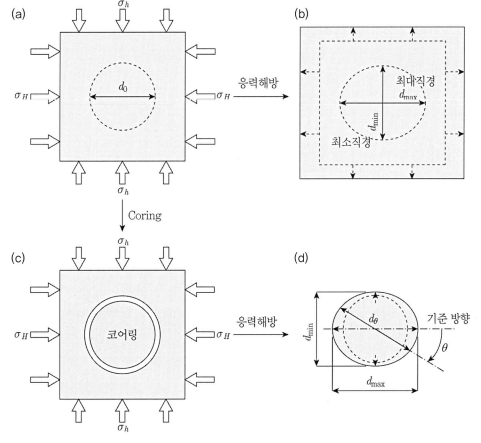

그림 4.19 DCDA 방법의 측정 원리(Funato and Ito, 2017)

01 암반은 등방의 탄성체일 때, 이때 포아송비 0.3, 연직응력 62 kg/cm²인 경우 수평방향의 응력을 구하라.

02 암반의 단위 중량이 2.5 g/cm³일 때 깊이가 400 m인 지점에서 수직방향의 응력을 구하라.

03 화강암에 작용하는 응력을 수압파쇄법을 이용하여 측정하였다. 500 m 심도에서 첫 번째 테스트가 수행되었는데, 균열개시압력과 개구폐쇄압력은 각각 16.0 MPa와 7.0 MPa였다. 두 번째 수압파쇄 시 균열재확장압력(reopening pressure)은 9.0 MPa로 측정되었을 때, 3가지 주응력 성분인 수직응력 σ_v, 최대수평주응력 σ_H, 최소수평주응력 σ_h를 계산하라(암석의 단위중량은 0.027 MPa/m로 가정해서 계산할 것).

04 AE(Acoustic Emission)에 대한 카이저(Kaiser) 효과를 설명하라.

05

불연속면

제5장

불연속면

불연속면(discontinuity)은 지질학적 의미와 공학적 의미로 구분하여 정의할 수 있다. 지질학적 의미의 불연속면은 암반 내 발달해 있는 단층(fault), 절리(joint), 층리(bedding), 엽리(foliation), 균열(crack), 깨짐(fracture), 틈(fissure) 등을 예로 들 수 있다. 공학적 의미의 불연속면은 암반 내 존재하는 역학적 결함으로써 모든 연약한 면을 총괄적으로 나타낸다.

5.1 불연속면의 종류

암반에서 연약면 및 분리면을 나타내는 불연속면에는 퇴적기원의 층리나 엽리, 구조적 기원의 절리나 단층, 그 외에도 균열, 파쇄대, 편리, 암맥 등이 포함된다(그림 5.1).

(1) 층리

층리는 퇴적암 등의 퇴적구조에서 보이는 평행한 줄무늬로써, 조성, 조직, 경도, 응결정도, 색, 내부 구조의 차이를 보인다.

(2) 엽리

엽리는 암석이 재결정작용을 받아 운모와 같은 판상의 광물이 평행하게 배열된 구조로써, 변성암에서 구성입자들의 배열이 판상인 구조나 조직을 가리킨다.

(3) 편리

편리는 재결정되어 만들어진 변성암의 광물들이 세립질이지만 육안으로 구별 가능한 편암이 가지는 엽리를 말한다.

그림 5.1 불연속면의 종류: (a) 층리, (b) 엽리, (c) 편리, (d) 절리, (e) 단층, (f) 균열, (g) 파쇄대, (h) 암맥

(4) 절리

절리는 마그마나 용암의 냉각수축, 풍화작용에 의한 박리, 건조수축, 조구조운동 등의 요인에 의해 암석 내 응집력이 상실하여 발생한 암석의 갈라진 틈으로 그 면에 평행한 방향의 상대적 변위가 없는 것을 나타낸다.

(5) 단층

단층은 암석의 파괴에 의해 생긴 불연속면을 경계로 양쪽 암반이 상대적으로 이동하여 면에 평행한 변위를 가지는 것을 가리킨다.

(6) 균열

균열은 변위 발생 여부와는 무관하게 응력에 의해 파괴되어 형성된 불연속면을 말한다.

(7) 파쇄대

파쇄대는 지층이 단층작용을 받았을 때, 단층면을 따라 암석이 파쇄되어 풍화된 두꺼운 띠를 형성한 것을 나타낸다.

(8) 암맥

암맥은 기존 암석의 갈라진 틈을 따라 관입한 판상의 화성암체로써 다른 암석과의 두 접촉면은 거의 평행하다.

5.2 불연속면의 특성

암반 거동은 암반 내 발달해 있는 불연속면의 특성인 불연속면의 방향성, 간격, 연속성, 틈새, 충진물, 투수성, 불연속면 군의 수, 암괴의 크기 등의 요소에 따라 영향을 받는다. 각 요소에 대한 내용은 다음과 같다.

1) 불연속면 방향성

3차원 공간에서 불연속면의 방향성(orientation)은 일반적으로 주향과 경사 또는 경사와 경사방향으로 표시된다(그림 5.2). 주향(strike)은 진북(true north) 방향을 기준으로 경사진 지층면과 수평면이 만나는 교차선의 방향으로 정의되며, 북쪽으로부터 동쪽 또는 서쪽으로 기울어진 예각의 각도로 표시된다. 경사(dip)는 주향에 직각 방향으로 경사진 각도로 정의되며, 수평면에서 아래 방향으로 기울어진 최대 각도로 표시된다. 경사방향(dip direction)은 지층면의 경사를 나타내는 벡터의 방향을 북에서 시계방향으로의 각도로 표시된다. 경사방향은 0~360° 범위를 가지며, 주향과는 항상 90°의 차이를 가진다. 예를 들면 지층면이 북에서 동으로 40°의 각도를 이루고 북서쪽으로 60°만큼 기울어져 있는 경우, 이것을 주향, 경사로 표시하면 N40E, 60NW가 되며, 경사방향/경사로 표시하면 310/60이 된다.

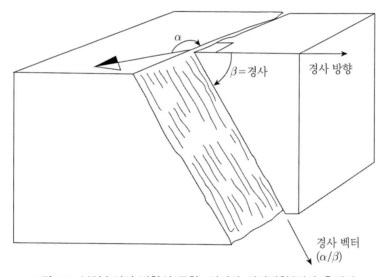

그림 5.2 불연속면의 방향성 주향, 경사와 경사방향/경사 측정법

불연속면의 방향성을 표시할 때, 암반공학이나 지질공학 분야에서는 방향표기를 하는 데 있어 혼동하지 않고 간편하게 표시 가능한 경사방향/경사 표기법을 더 많이 사용하고 있다. 더군다나 경사방향/경사 표기법은 불연속면 해석 전문프로그램의 입력자료에도 이용되므로 그 활용폭이 넓다. 불연속면의 방향성은 나침판과 경사계가 함께 장착된 크리노미터(clino-meter), 크리노콤파스(clino-compass), 브런톤콤파스(Brunton compass) 등을 이

용하여 측정할 수 있다. 요구되는 불연속면 방향성 측정 자료는 80~300개로 측정 면적, 정밀성, 신뢰성 등에 따라 다양하나 대략 150개 정도가 적정하다.

현장 자료에 대한 이해를 돕기 위해서는 가시화 작업을 통해 방향성 측정 자료를 정량적으로 나타내는 것이 필요하다. 블록 다이어그램(block diagram)은 절리군의 개수나 방향성 등 불연속면의 형태를 시각적으로 표시하는 데 유용한 방법이다(그림 5.3). 또한 불연속면 측정 자료를 정량적으

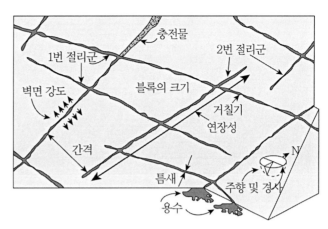

그림 5.3 암석 불연속면의 주요 기하학적 특성 모식도(Hudson, 1989)

로 표시하는 방법으로 측정량을 360° 방향에 대해 10° 간격으로 원주상의 장미도(rosette diagram)로 표시하면 우세한 불연속면군을 나타낼 수 있다(그림 5.4). 이때 불연속면의 경사는 원주 바깥쪽에 표시된다. 그리고 지질구조면을 기준구로 이용하여 평면상에 투영하여 대원(great circle)이나 극점(pole)으로 표시하는 평사투영법(stereographic projection)도

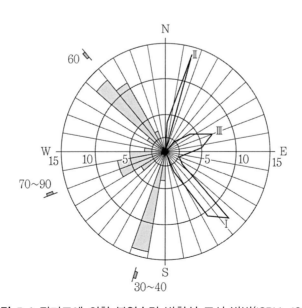

그림 5.4 장미도에 의한 불연속면 방향성 표시 방법(ISRM, 1981)

이용된다(그림 5.5). 이 방법은 2차원적 표현법으로 등면적 투영법(equal area projection)과 등각 투영법(equal angle projection)이 있으며, 일반적으로 하반구 평사투영법(lower hemispherical stereographic projection)이 사용된다.

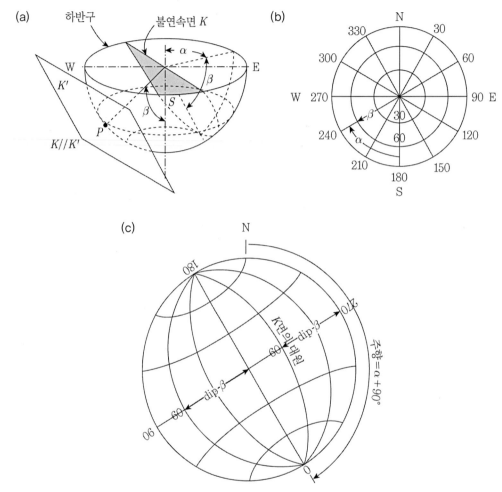

그림 5.5 하반구 평사투영법에 의한 불연속면 표시 방법: (a) 하반구 평사투영, (b) 극점, (c) 대원

2) 불연속면 간격

불연속면 간격(spacing)은 하나의 불연속면 군(set)에서 인접한 불연속면 간의 수직거리로 나타낸다(그림 5.6). 어떤 경우에는 불연속면에 수직한 방향으로 단위길이당 교차되는 절리의 개수로 표시하기도 하며, 보통 같은 군에 속하는 불연속면 간의 평균거리로 나타낸다.

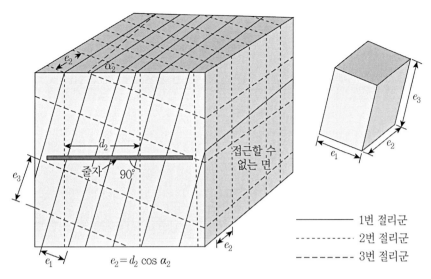

그림 5.6 불연속면 간격 측정법

불연속면의 간격은 무결암에서 암반 블록들의 크기에 큰 영향을 받는다. 개별적인 불연속면의 간격과 군들은 투수율 및 용출 특성과 밀접한 관련성이 있다. 가장 일반적인(평균) 불연속면 간격(S) 계산식은 아래 식 (5.1)로 표현된다.

$$S = d_m \sin\alpha \qquad\qquad (5.1)$$

여기서, d_m = 측정한 가장 일반적인(평균) 거리, α = 측정자와 측정할 불연속면군 사이의 최소각

불연속면의 간격이 좁아지면 분할된 암반 블록의 크기가 작아지므로 암반의 강도는 감소하게 되어 암질에 큰 영향을 미치게 된다. 불연속면의 간격이나 빈도는 노출된 암반 노두에서 직접 측정하거나, 시추 코어(drill core)나 시추공 카메라(borehole camera), 포토그래픽 카메라(photographic camera)와 같은 시추공 관찰 기술로부터도 결정될 수 있다. 일반적으로 각 불연속면 군에 대하여 최소, 중간 및 최대 간격 등을 기록함으로써 분산 정도를 알수 있도록 한다. 국제암반공학회(International Society for Rock Mechanics and Rock Engineering, ISRM)에서는 불연속면 간격에 따라 암반 등급을 표 5.1과 같이 구분하였다.

표 5.1 불연속면 간격의 등급(ISRM, 1981)

표기 방법	간격(mm)
극히 조밀(extremely close)	< 20
매우 조밀(very close)	20~60
조밀(close)	60~200
보통(moderate)	200~600
넓음(wide)	600~2000
매우 넓음(very wide)	2000~6000
극히 넓음(extremely wide)	> 6000

3) 불연속면 연속성

불연속면의 연속성(persistence)은 한 평면 내에서 불연속면이 차지하는 크기나 면적의 정도를 나타낸다(그림 5.7). 연속성은 노출된 절취면이나 암반 노두에서 관찰되는 절리의 연장되는 길이로 정량화될 수 있다. 연속성은 암반의 공학적 성질을 지배하는 중요한 암반 변수 중의 하나이지만 그 정도를 측정할 수 있는 현장 조건에 한계가 있으므로 실제 연속성을 정확하게 파악하기가 어려울 수 있다. 하지만 암반사면과 같은 구조물의 안정성을 검토하기 위해서는 불안정 요소로 고려되고 있는 불연속면의 연속성 정도를 평가하는 것이 매우 중요하기 때문에 반드시 측정해야 할 요소이다. 국제암반공학회는 불연속면의 연속성 등급을 표 5.2와 같이 구분하였다.

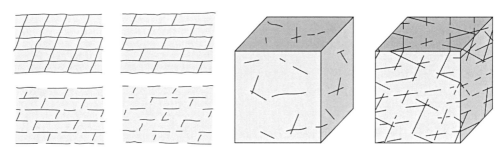

그림 5.7 다양한 불연속면 군의 연속성을 나타내는 모델

표 5.2 불연속면의 연속성 등급(ISRM, 1981)

표기 방법	절리 길이(m)
매우 낮은 연속성	< 1
낮은 연속성	1~3
보통 연속성	3~10
높은 연속성	10~20
매우 높은 연속성	> 20

불연속면 길이에 대한 관찰은 불연속면 연속성의 끝단(termination) 상태를 기록하는 것이 매우 유용할 수 있다. 즉 노출된 선 밖으로 연속되는 불연속면(N_x), 노출 암반 내에서 사라지는 불연속면(N_r), 그리고 노출 암반 내에서 다른 불연속면에 의해 절단되는 불연속면(N_d) 등으로 구별하여 함께 기재되어야 한다. 불연속면 연속성 끝단지수(termination index, T_r)는 식 (5.2)와 같이 표현된다(ISRM, 1981). 끝단지수가 크다는 사실은 암반이 블록 상태로 이루어져 있지 않고 연결되어 있음을 지시하므로 끝단지수가 낮은 암반보다 강성이 크고 강함을 의미한다.

$$T_r = \frac{N_r}{N_x + N_r + N_d} \times 100\,(\%) \tag{5.2}$$

4) 불연속면 거칠기

불연속면의 거칠기(roughness)는 절리면 전단강도에 있어 중요한 요소이며, 불연속면의 틈새, 충진물의 두께, 과거의 변위 정도가 영향을 미친다. 불연속면 거칠기는 작은 규모의 굴곡인 요철(uneveness)과 비교적 큰 규모의 만곡(waviness)에 의해서 특징지어진다(그림 5.8). 일반적으로 만곡은 전단변위의 초기 방향에 영향을 주는 반면, 요철은 현장 또는 실내 전단시험에서 구해지는 전단강도에 영향을 미친다.

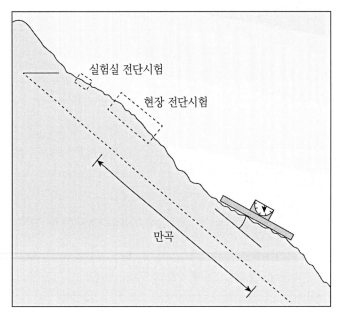

그림 5.8 불연속면 거칠기의 다른 규모: 실험실 및 현장 전단시험

불연속면 거칠기 측정법은 2차원적 단면측정법(profile method)과 3차원적 원판측정법 (disc method)이 사용된다. 활동방향이 알려져 있을 때, 불연속면 거칠기는 방향과 평행한 선상 단면에서 단면측정법인 프로파일 게이지(profile gauge)를 사용하여 측정할 수 있다(그림 5.9). 반면에 활동방향이 알려져 있지 않을 때, 불연속면의 거칠기는 원판측정법인 콤파스 (compass) 또는 원판형 크리노미터(disc-clinometer)를 사용하여 측정할 수 있다(그림 5.10). Barton(1978)은 불연속면의 거칠기를 계단형(stepped), 기복형(undulating), 평면형 (planar)으로 구분한 후, 이를 각각 거침 또는 불규칙, 매끄러움, 단층활면 등 3단계로 세분하 였다. 표 5.3은 불연속면의 거칠기를 등급으로 구분한 것이며, 그림 5.11은 불연속면의 거칠 기 표준 등급을 결정하기 위한 표준 종단면을 나타낸 것이다. Barton and Choubey(1977)는 10개의 대표적인 불연속면의 거칠기 단면과 절리거칠기계수(joint roughness coefficient, JRC)와의 관계를 그림으로 나타내었다(그림 5.12). 불연속면의 거칠기는 파장이 100 mm 이하인 경우에 사용하며, 그 이상인 경우는 만곡(curvature)이라 한다.

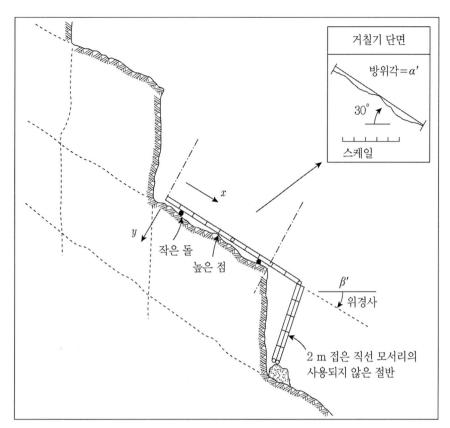

그림 5.9 단면측정법에 의한 2차원 불연속면 거칠기 측정

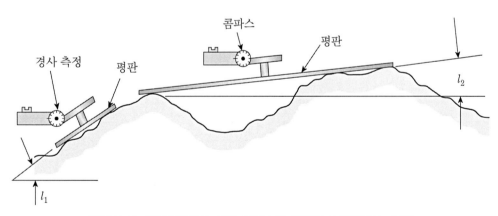

그림 5.10 원판측정법에 의한 불연속면 거칠기 측정(ISRM, 1981)

표 5.3 불연속면의 거칠기 등급(ISRM, 1981)

등급	표현 방법	
I		거침(rough) 또는 불규칙(irregular)
II	계단형(stepped)	매끄러움(smooth)
III		단층활면(slickensided)
IV		거침(rough) 또는 불규칙(irregular)
V	기복형(undulating)	매끄러움(smooth)
VI		단층활면(slickensided)
VII		거침(rough) 또는 불규칙(irregular)
VIII	평면형(planar)	매끄러움(smooth)
IX		단층활면(slickensided)

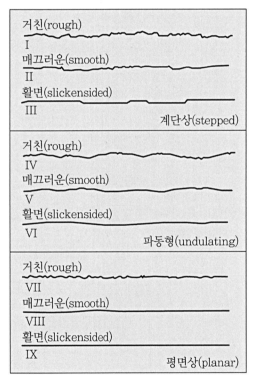

그림 5.11 불연속면 거칠기의 표준 등급 결정을 위한 표준 종단면(ISRM, 1981)

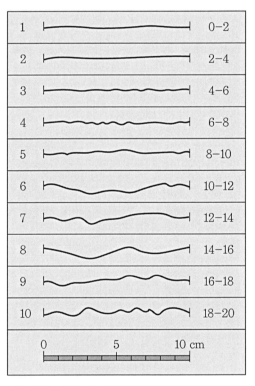

그림 5.12 불연속면 표준 거칠기 단면과 절리 거칠기 계수와의 관계(Barton and Choubey, 1977)

5) 불연속면 벽면강도

불연속면의 벽면강도(wall strength)는 불연속면의 일축압축강도를 의미하며, 변위가 없고 맞물려 있고, 그 사이에 충진물이 없는 경우 전단강도와 변형도에 매우 중요한 요소가 된다(Barton and Choubey, 1977). 암석의 강도는 풍화작용과 열수작용에 의해 달라질 수 있다. 특히 암석의 풍화정도는 불연속면의 전단강도에 영향을 크게 미치므로 불연속면 군들에 대한 암석의 풍화등급은 자세하게 기록되어야 한다(표 5.4). 일반적으로 불연속면 강도는 암석 표면을 강한 주머니칼로 긁거나 지질해머로 타격하여 정성적인 값을 평가하는 방법과 현장에서 직접적으로 점하중 시험(point load test), 매뉴얼 인덱스 시험(manual index test), 슈미트 해머 시험(Schmidt hammer test) 등을 이용하여 정량적으로 값을 측정하는 방법이 사용된다. 매뉴얼 인덱스 시험은 표 5.5와 같이 암석의 경우에는 불연속면의 벽면강도를 R0~R6 등급으로 구분하며, 점토의 경우에는 등급을 S1~S6으로 충진된 불연속면에 적용한다. 슈미트 해머 반발경도와 일축압축강도 사이의 상관관계는 그림 3.7을 참고하기 바란다.

표 5.4 암반의 풍화에 따른 등급 표시방법(ISRM, 1981)

등급	용어	표현	서술
I	신선 (Fresh)	F	– 암석이 풍화된 흔적 없음 – 지질해머 타격 시 금속음을 냄
II	약간 풍화 (Slightly weathered)	SW	– 갈라진 틈 내부에 풍화에 의한 변색 – 신선한 조건보다 어느 정도 약화됨
III	보통 풍화 (Moderately weathered)	MW	– 전체적으로 풍화 변색되고 풍화에 약한 광물은 풍화됨 – 신선한 암보다 약하지만 손으로 부러뜨리거나 칼로 긁히지 않음
IV	심한 풍화 (Highly weathered)	HW	– 대부분 광물이 풍화됨 – 암석을 손으로 부러뜨리거나 칼로 긁힘 – 암석 조직은 뚜렷하지 않지만 구조는 존재함
V	완전 풍화 (Completely weathered)	CW	– 광물은 풍화되어 흙으로 변함 – 암석 조직과 구조는 남아 있음 – 쉽게 부서지거나 관입됨
VI	잔류토 (Residual soil)	R	– 풍화가 매우 심해 소성을 띠는 흙으로 변한 상태 – 암석의 조직과 구조가 완전히 파괴됨

표 5.5 매뉴얼 인덱스 시험에 따른 등급 구분과 일축압축 강도 범위(ISRM, 1981)

등급	기술	야외 확인	일축압축강도(MPa)
S1	매우 부드러운 점토 (Very soft clay)	– 주먹으로 쉽게 몇 인치 관통 가능	<0.025
S2	부드러운 점토 (Soft clay)	– 엄지로 쉽게 몇 인치 관통 가능	0.025~0.05
S3	확고한 점토 (Firm clay)	– 보통의 노력의 엄지로 몇 인치 관통	0.05~0.10
S4	딱딱한 점토 (Stiff clay)	– 많은 노력의 엄지로 쉽게 자국을 냄	0.10~0.25
S5	매우 딱딱한 점토 (Very stiff clay)	– 엄지손톱으로 쉽게 자국을 냄	0.25~0.50
S6	단단한 점토 (Hard clay)	– 엄지손톱으로 자국을 내기 어려움	>0.50
R0	극연암 (Extremely weak rock)	– 엄지손톱으로 자국을 냄	0.25~1.0
R1	매우 약한 암석 (Very weak rock)	– 지질해머 뾰족 부분으로 타격했을 때 부스러짐 – 주머니칼로 벗길 수 있음	1.0~5.0
R2	연암 (Weak rock)	– 지질해머 뾰족 부분으로 타격했을 때 자국이 남 – 주머니칼로 어렵게 벗길 수 있음	5.0~25
R3	보통암 (Medium strong rock)	– 한 번의 지질해머 타격으로 부서짐 – 주머니칼로 벗길 수 없음	25~50
R4	경암 (Strong rock)	– 지질해머 부수기 위해 한 번 이상의 타격이 필요	50~100
R5	매우 강한 암석 (Very strong rock)	– 지질해머 부수기 위해 여러 번의 타격이 필요	100~250
R6	극경암 (Extremely strong rock)	– 지질해머 타격으로는 자국만 남	>250

6) 불연속면 틈새

불연속면의 틈새(aperture)는 하나의 불연속면에 서로 인접한 암석 사이에 분리되어 있는 수직거리로서 충진된 불연속면의 폭과는 구별된다(그림 5.13). 불연속면의 틈새가 밀착되어 있을 때는 점토나 모래와 같은 이물질이 유입되기 어렵지만, 틈새가 넓은 경우에는 지하수 유입과 유동으로 인하여 이물질이 그 틈새를 충진할 수 있다. 불연속면의 틈새를 충진하고 있으면 충진물의 특성이 불연속면의 전단강도에 영향을 미치게 된다. 불연속면 틈새를 측정하기 위해서는 모래나 지저분한 노출면을 깨끗이 씻고, 미세한 틈새가 잘 보일 수 있도록 조사할 측선을 따라 흰색 페인트를 뿌려놓는 것이 편리하다. 또한 적절한 조명을 설치하는 것도 필요하다. 미세한 틈새는 필러게이지(feeler gauge)로 측정이 가능하나, 더 넓은 틈새는 mm 단위의 자를 이용하여 측정한다. 불연속면의 틈새에 대하여 Barton(1978)은 표 5.6과 같이 정리하였다.

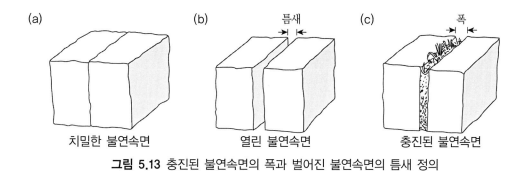

그림 5.13 충진된 불연속면의 폭과 벌어진 불연속면의 틈새 정의

표 5.6 불연속면 틈새에 대한 표시방법(Barton, 1978)

기술	틈새(mm)	서술
매우 밀착(Very tight)	< 0.1	폐쇄형(Closed features)
밀착(Tight)	0.1~0.25	
부분 개방(Partly open)	0.25~0.5	
개방(Open)	0.5~2.5	틈새형(Grapped features)
보통 넓음(Moderately wide)	2.5~10	
넓음(Wide)	> 10	
매우 넓음(Very wide)	1~100	개방형(Open features)
극히 넓음(Extremely wide)	100~1000	
공동(Cavernous)	> 1000	

7) 충진물

불연속면의 충진물(filling)은 인접한 암석의 벽면 사이를 충진하고 있는 방해석(calcite), 녹니석(chlorite), 점토(clay), 실트(silt), 단층점토(fault gauge), 단층각력(fault breccia) 등과 같은 물질을 가리킨다. 인접한 암석 벽면 사이의 수직거리는 충진된 불연속면의 폭으로

표시된다. 충진물의 물리적 거동 특성은 광물의 종류, 입자의 크기, 과압밀비, 함수율과 투수율, 전단변위, 벽면 거칠기 등의 요소들에 따라 결정된다. 충진물의 폭은 불연속면의 최대 및 최소 폭의 약 10% 오차 범위에서 측정해야 한다. 충진물이 얇은 경우에는 직선자를 이용하여 불연속면 벽면 거칠기의 평균 진폭을 측정해야 하며, 이것을 충진물의 평균 폭과 비교한다 (그림 5.14). 이것은 전단강도와 변형 특징을 평가할 때 매우 중요하다. 복잡하게 충진된 불연속면의 경우에는 그림 5.15와 같이 암석 벽면을 자세히 스케치하는 것이 도움이 된다.

불연속면 충진물의 등급에 대한 개략적인 정량적 표시 방법은 점토, 실트, 모래 그리고 암석 입자의 백분율에 의해 표시될 수 있으며, 이들을 입자크기에 따라 분류하면 표 5.7과 같다. 충진물의 강도는 불연속면의 벽면강도에서 언급한 바와 같이 매뉴얼 인덱스 시험으로 평가할 수 있다. 충진된 불연속면에서 이전의 전단변위 발생 여부에 대한 세심한 조사는 어떤 점토 충진물의 과압밀비(over consolidation ratio, OCR)의 평가치와 함께 기록된다. 또한 충진된 불연속면의 함수율과 투수율은 표 5.8과 같이 분류될 수 있다.

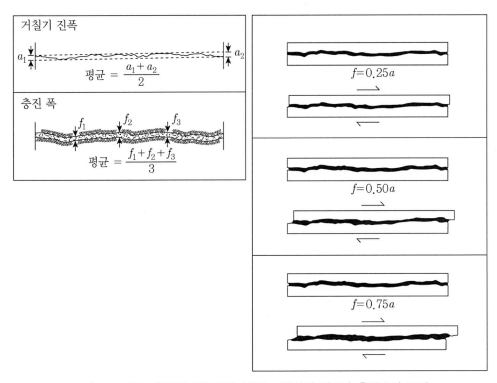

그림 5.14 단순 충진된 불연속면: 벽면 거칠기의 진폭과 충진물의 두께

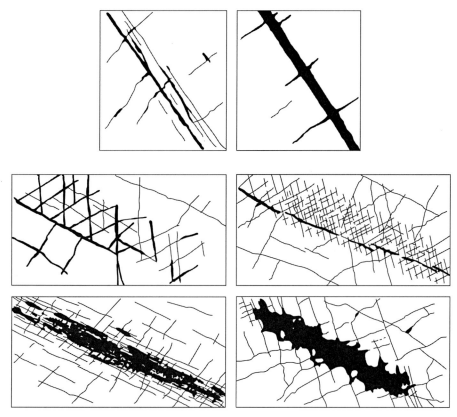

그림 5.15 복잡하게 충진된 불연속면의 야외 스케치 예

표 5.7 입자크기에 따른 자갈, 모래, 점토의 분류(ISRM, 1981)

기술	입자 크기(mm)
전석(Boulders)	200~600
왕자갈(Cobbles)	60~200
굵은 자갈(Coarse gravel)	20~60
중간 자갈(Medium gravel)	6~20
작은 자갈(Fine gravel)	2~6
굵은 모래(Coarse sand)	0.6~2
중간 모래(Medium sand)	0.2~0.6
작은 모래(Fine sand)	0.06~0.2
실트, 점토(Silt, Clay)	< 0.06

표 5.8 함수율에 따른 등급 분류(ISRM, 1981)

등급	기술
W1	충진물이 심하게 압밀되어 있고 건조하며 매우 낮은 투수율 때문에 심각한 물의 흐름은 가능하지 않음
W2	충진물이 축축하게 젖어 있지만 물의 흐름은 없음
W3	충진물이 젖어 있으며 때때로 물이 떨어짐
W4	충진물이 흘러내릴 징조가 있고 계속해서 물의 흐름이 있음
W5	충진물이 부분적으로 흘러내리고 흘러내린 흔적을 따라 상당한 물이 유출됨
W6	특히 첫 노출에서 충진물이 완전히 쏟아져 나가고 수압이 매우 높음

8) 누수

암반 불연속면을 따라 침투하는 누수(Seepage)의 문제는 암반의 공학적, 역학적 특성에 큰 영향을 미친다. 즉 충진물 함수비 변화에 따른 충진물 강도 변화, 틈새 공극수압 증가에 따른 전단강도 및 지반 지지력 약화가 그 예이다. 결국 불연속면을 통한 누수는 암반의 유효응력을 감소시켜 암반의 안정성을 감소시키는 결과를 가져온다. 충진물 상태에 따른 불연속면의 누수 평가 방법은 표 5.9에서 설명한 바와 같이 충진되지 않은 불연속면과 충진된 불연속면으로 구분하여 6등급으로 설명할 수 있다.

표 5.9 충진물 상태에 따른 불연속면의 누수 평가 방법(ISRM, 1981)

누수 평가	비충진된 불연속면	누수 평가	충진된 불연속면
I	불연속면이 빈틈이 없고 건조하며, 불연속면을 따라서 누수의 가능성이 없음	I	충진물이 과압밀 되어 있고 건조, 낮은 투수성 때문에 물의 흐름이 불가능해 보임
II	불연속면이 건조하고 누수의 흔적이 없음	II	충진물이 젖어 있으나 현재 물의 흐름은 없음
III	불연속면이 건조하나 누수의 흔적이 있음 (예: 녹슨 자국)	III	충진물이 젖어 있고 부분적으로 물이 떨어짐
IV	불연속면이 젖어 있으나 현재 물의 흐름은 없음	IV	충진물이 씻겨 나간 흔적이 있고 계속적으로 물이 떨어짐(수 l/min)
V	불연속면의 누수가 있고 부분적으로 물이 떨어지고 있으나 계속적인 흐름은 없음	V	충진물이 부분적으로 씻겨 나갔고 상당한 양의 누수(수 l/min)
VI	불연속면에서 연속적인 물의 흐름이 있음	VI	충진물이 완전히 씻겨 나갔고 특히 초기 상당히 높은 수압(수 l/min, 수압)

9) 불연속면 군의 개수

암반의 역학적 거동과 외관은 암반에 교차되어 나타나는 불연속면 군의 개수(number of sets)에 의해 영향을 받는다. 불연속면 군의 개수는 암반의 역학적 거동과 변형에 영향을 미치며, 발파 시 발생할 수 있는 암반의 파쇄 정도에 영향을 미친다. 불연속면의 개수가 암반의 역학적 거동에 미치는 영향을 모식적으로 나타내면 그림 5.16과 같다. 불연속면 군의 개수가 많을수록 파쇄 단위가 작아져 파쇄대를 형성하므로 암반 강도를 감소시킬 수 있다. 표 5.10은 불연속면 군의 개수에 따라 암반의 등급을 나눈 것이다.

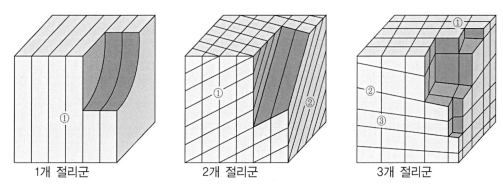

1개 절리군   2개 절리군   3개 절리군

그림 5.16 암반의 역학적 거동에 영향을 미치는 불연속면 군의 개수

표 5.10 불연속면 군의 개수에 따른 등급 및 표기 방법(ISRM, 1981)

등급	표기
I	괴상, 불규칙한 절리(Massive, occasional random joints)
II	한 개의 절리군(One joint set)
III	한 개의 절리군 + 불규칙한 절리(One joint set + random joints)
IV	두 개의 절리군(Two joint sets)
V	두 개의 절리군 + 불규칙한 절리(Two joint sets + random joints)
VI	세 개의 절리군(Three joint sets)
VII	세 개의 절리군 + 불규칙한 절리(Three joint sets + random joints)
VIII	네 개 이상의 절리군(Four or more than joint sets)
IX	파쇄되어 토사처럼 된 암석(Crushed rock, earth-like)

10) 암괴의 크기

암괴의 크기(block size)는 암반의 변형정도나 암반사면의 파괴형태, 발파에 따른 굴착 또는 채석 작업의 효율성에 영향을 미친다. 암괴의 크기는 불연속면의 개수, 불연속면의 간격, 불연속면의 연속성 등으로부터 구할 수 있다. 암괴의 크기는 암괴 크기지수(block size index, I_b)나 체적 절리계수(volumetric joint count, J_v)를 사용해서 나타낸다. 암괴 크기지수는 암괴들의 평균적인 크기를 불연속면의 간격을 사용해서 식 (5.3)과 같이 나타낼 수 있다.

$$I_b = \frac{\sum_{i=1}^{n} S_i}{N} \tag{5.3}$$

여기서, N = 암반 절리군의 수, S_i = 절리들의 평균 간격

체적 절리계수는 암반에 분포하는 절리군의 개수와 각 절리군에 속하는 절리의 개수로 계산되며, 일정한 구간에 포함된 절리의 개수를 측정 구간의 길이로 나누어 합산하는 식 (5.4)와 같이 표현할 수 있다.

$$J_v = \sum_{i=1}^{n} \frac{J_i}{L}, \ \text{joints/cm}^3 \tag{5.4}$$

여기서, L = 측정 구간 길이, J_i = 절리의 수

일반적으로 암반의 암질지수(RQD)와 체적 절리계수 사이에는 식 (5.5)와 같은 관계가 있다.

$$RQD = 115 - 3.3 J_v \tag{5.5}$$

암괴의 크기에 대한 정성적 기재는 표 5.11과 같이 나타낼 수 있다.

표 5.11 암괴 크기에 대한 정성적 기재(ISRM, 1981)

정성적 기재	체적 절리계수(joints/cm^3)
매우 큰 블록(Very large blocks)	< 1
큰 블록(Large blocks)	1~3
보통 크기 블록(Medium size blocks)	3~10
작은 블록(Small blocks)	10~30
매우 작은 블록(Very small blocks)	> 30

5.3 불연속면 평사투영

불연속면은 암반의 역학적 거동에 큰 영향을 미치므로 사면의 안정성 평가나 암반 내 지하
공간 구조물 굴착 시 상세히 조사되어야 한다. 불연속면을 조사하는 데 있어서 중요한 사항
중 하나가 방향성을 측정하고 기재하는 것이다. 불연속면 방향성은 주향과 경사 또는 경사방
향과 경사 측정법이 이용되며, ⏋ 측정 방법은 5.2절의 '(1) 불연속면 방향성'에 자세히 설명되
어 있으니 참고하기 바란다. 불연속면의 방향 자료들을 쉽게 나타내기 위해서 장미도(또는
로즈 다이어그램)를 이용하면 주향 방향을 효율적으로 잘 표현할 수 있으며, 경사를 나타내기
위해서는 빈도 다이어그램(frequency diagram)을 이용하면 편리하다(그림 5.17). 하지만

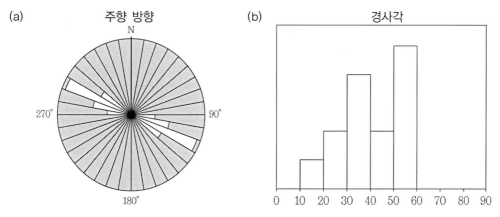

그림 5.17 불연속면의 방향 자료: (a) 장미도, (b) 빈도 다이어그램

이러한 표현 방법은 주향과 경사를 별개의 그림으로 나타내야 하는 불편함이 있다. 따라서 이러한 문제점을 해결하기 위해 3차원의 방향 자료를 2차원으로 표현 가능한 평사투영법(stereographic projection)이 사용된다.

1) 평사투영의 기본 원리

3차원 공간의 면이나 선을 2차원으로 표시하는 방법을 평사투영(streographic projection)이라 한다. 평사투영법은 기준구(reference sphere)에 기반을 두어 진행되며, 그림 5.18은 기준구를 지구의 위도, 경도와 유사하게 나누어 놓은 형상을 보여준다. 기준구의 중앙을 수직으로 자르면 자오선망(meridional net)의 형상을 나타내고, 기준구의 중앙을 수평으로 자르면 극망(polar net)과 같은 형상을 보인다.

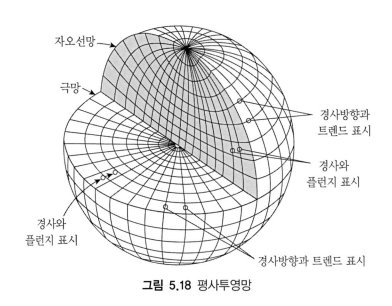

그림 5.18 평사투영망

일반적으로 평사투영은 기준구의 하반구(lower hemisphere)를 사용하여 진행하며, 투영의 방법에는 등각 투영법(equal angle projection)과 등면적 투영법(equal area projection)이 있다. 하반구에 있는 한 점 A를 등각 투영하기 위해서는 A점과 북극을 잇는 선을 그린다. 이 선은 적도면과 C점에서 만나고, C점이 A점을 등각 투영한 것이다(그림 5.19). 등각 투영을 하면 기준구 표면의 두 점이 만드는 중심각은 위치에 상관없이 투영한 후에도 동일한 각도를 가지는 반면에, 기준구 표면의 일정 면적은 위치에 따라 투영한 이후에는 면적이 동일하지 않다. 그러므로 지질구조의 통계적 분석에는 부적당하다. 하반구에 있는 한 점 A를 등면적 투영하기 위해서는 점 A와 남극을 연결한 후, 남극을 중심으로 이 연결선을 수평면까지 회전한다. 그러면 점 A는 점 B로 이동하게 되고, 이 점 B가 점 A의 등면적 투영이다(그림 5.20). 등면적 투영을 하면 기준구 표면의 두 점이 만드는 중심각은 위치에 따라 투영한 후에는 각도가 동일하지 않은 반면에, 기준구 표면의 일정 면적은 위치에 상관없이 투영한 이후에도 면적이 동일하다. 그러므로 방향성의 통계적 분석에는 등면적 투영이 매우 유용하다.

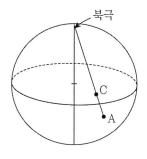

그림 5.19 등각투영의 원리

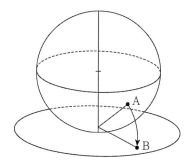

그림 5.20 등면적 투영의 원리

등각투영을 이용한 경사면의 투영은 그림 5.21이 잘 보여준다. 경사면을 기준구의 중심을 통과하도록 평행 이동하면 경사면은 기준구의 표면과 원으로 만나게 되고, 이 원을 대원(great circle)이라 한다(그림 5.21a). 경사면과 수직이고 기준구의 중심을 통과하는 선을 그으면, 이 선은 기준구의 표면과 두 점에서 만나고 이 점을 극점(pole)이라 한다. 하반구 평사투영을 하기 위하여 눈을 북극에 두고 하반구에 분포하는 대원을 보면, 기준구의 표면에 있는 대원은 적도면에 대원으로 나타나고, 이 적도면의 대원이 기준구의 표면에 분포한 대원을 투영한 것이다(그림 5.21b). 북극과 하반구의 극점을 연결한 선 또한 적도면에 한 점으로 만나고, 이 점이 극점을 투영한 점이다. 적도면에는 경사면을 투영한 대원과 경사면에 수직인 선을 투영한 극점이 그림 5.21c와 같이 나타난다. 대원의 끝 두 점을 연결한 선의 방향이 주향이고, 이 주향과 직각인 방향이 경사방향이다.

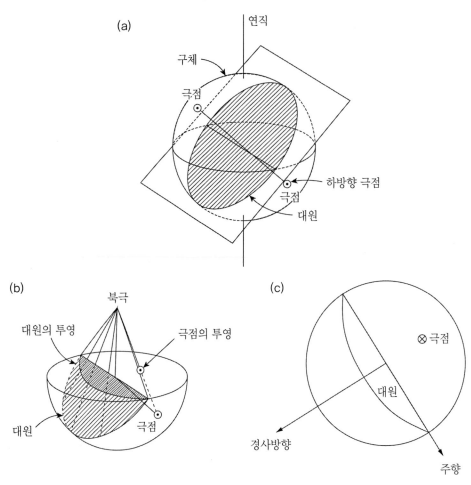

(a) 연직

구체

극점

하방향 극점

극점

대원

(b) 북극

대원의 투영

극점의 투영

대원

극점

(c)

⊗극점

대원

경사방향

주향

그림 5.21 경사면의 등각투영 원리

2) 평사투영의 방법

평사투영의 자세한 방법을 몇 가지의 사례를 통하여 설명하고자 한다.

(1) 주향과 경사가 주어진 면과 면에 수직인 선의 투영

면의 주향과 경사가 N40E, 50SE인 면을 투영하는 방법은 다음과 같다.

① 투영망(streonet)의 중심에 압정을 고정한 후, 트레이싱 용지를 올려놓고 둘레 원과 동, 서, 남, 북(E, W, S, N)을 표시한다(그림 5.22a).

② 북에서 동으로 40° 되는 점(점 1)을 표시한다.

③ 점 1이 북으로 오도록 트레이싱 용지를 회전한다.

④ 동과 서를 연결하는 선을 따라 동에서 안쪽으로 50°를 헤아려 점 2를 표시한다.

⑤ 북-점 2-남을 연결하는 원을 그린다(그림 5.22b).

⑥ 이 원이 N40E, 50SE인 면의 대원이다.

⑦ 점 2에서 서쪽으로 90° 이동하면(점 3), 이 점이 면에 수직인 선을 투영한 극점이다(그림 5.22c).

기준구의 둘레원은 수평면을 투영한 대원이고, 경사가 수직인 면의 대원은 직선이다. 만약 경사가 NW이거나 SW인 경우에는 서쪽에서 경사를 헤아려 대원을 그려야 한다.

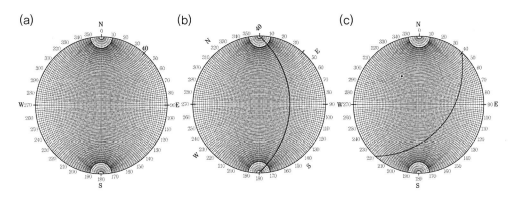

그림 5.22 면과 면에 수직인 선의 투영

(2) 경사방향과 경사가 주어진 경우

경사방향/경사가 130/50인 면을 투영하는 방법은 다음과 같다.

① 투영망(streonet)의 중심에 압정을 고정한 후, 트레이싱 용지를 올려놓고 둘레 원과 동, 서, 남, 북(E, W, S, N)을 표시한다(그림 5.22a).

② 북에서 동으로 40° 되는 점(점 1)을 표시한다.

③ 점 1이 북으로 오도록 트레이싱 용지를 회전한다.

④ 동과 서를 연결하는 선을 따라 동에서 안쪽으로 50°를 헤아려 점 2를 표시한다.

⑤ 북-점 2-남을 연결하는 원을 그린다(그림 5.22b).

⑥ 이 원이 N40E, 50SE인 면의 대원이다.

⑦ 점 2에서 서쪽으로 90° 이동하면(점 3), 이 점이 면에 수직인 선을 투영한 극점이다(그림 5.22c).

(3) 선의 투영

앞에서 설명한 바와 같이 선을 투영하면 점으로 나타난다. 선주향(trend)이 219°이고, 선경사(plunge)가 68°인 선을 투영하는 방법은 다음과 같다(그림 5.23).

① 둘레원에서 219°되는 점(점 1)을 표시한다.

② 점 1을 서쪽으로 회전한다(그림 5.23a).

③ 둘레원에서 안쪽으로 68°를 헤아려 점으로 표시하면, 이 점이 선의 투영이다(그림 5.23b).

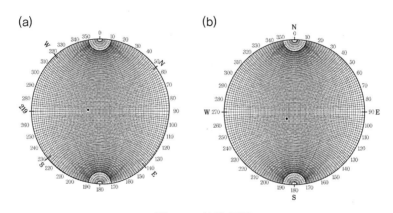

그림 5.23 선의 투영

(4) 교차선의 투영

두 개의 면은 하나의 선으로 교차하고, 이 선의 방향은 암반사면의 쐐기파괴 분석에 중요하다. 두 개의 절리면 250/20과 130/50이 이루는 교차선의 방향의 투영은 다음과 같다. 또한 두 절리면에 수직인 선들은 하나의 평면을 이루게 되고, 이 면의 방향 또한 투영이 가능하다.

① 두 절리면을 투영하면 두 개의 대원이 된다. 또한 각 절리면의 수직선을 투영하면 두 개의 점이 된다(그림 5.24a).

② 두 개의 대원이 만나는 교차점은 절리면이 교차할 때 형성하는 선을 나타낸다. 이 교차점

을 동–서로 이동한 후, 기준구에서부터 경사각을 헤아리면 교차선의 경사를 측정할 수 있다(그림 5.24b).

③ 트레이싱 용지를 처음의 위치로 회전한 후 교차선의 경사를 헤아린 선의 방향을 측정하면, 이 방향이 교차선의 선주향이다(그림 5.24c). 이 사례에서 교차선의 선주향과 선경사는 207/15이다.

④ 절리면의 극점을 하나의 경도에 일치시킨 후, 경도를 따라 대원을 그린다(그림 5.24b). 이 대원이 두 절리면의 수직선이 형성하는 평면을 나타내고, 이 대원을 이용하여 이 평면의 방향을 결정할 수 있다(그림 5.24c).

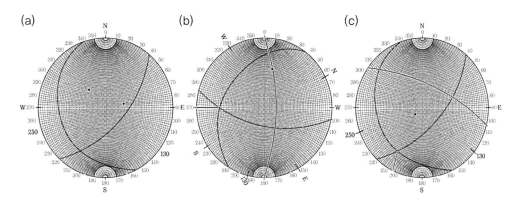

그림 5.24 두 절리면의 교차선의 투영 및 절리면의 수직선이 이루는 평면의 투영

(5) 두 선 사이의 각도

선 030/40과 선 340/20이 만드는 각도는 다음과 같은 방법으로 측정 가능하다(그림 5.25).

① 두 선을 투영하면 투영망에는 두 개의 점으로 나타난다(그림 5.25a).

② 두 점이 하나의 투영망 경도와 일치하도록 회전한 후, 두 점 사이의 각도를 측정하면 두선이 이루는 각도를 측정할 수 있다(그림 5.25b).

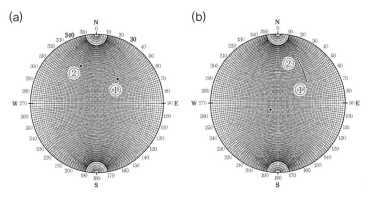

그림 5.25 두 선 사이의 각도 측정

3) 방향성 분석

야외에서 측정된 불연속면의 경사와 경사방향은 대원보다는 극점을 사용하여 투영하는 것이 편리하다. 그림 5.26은 극점으로 투영된 421개의 불연속면을 보여준다. 모든 불연속면은 방향성에서 약간의 분산을 보이는 것이 일반적이며, 그림 5.26에서도 극점들이 평사투영망의 전체에 걸쳐서 분산되어 분포하고 있음을 보여준다. 이와 같이 많은 수의 불연속면이 분산되어 있으면, 이 극점 투영에서 불연속면군(discontinuity set)을 파악하고, 방향성을 찾아내기는 쉽지 않다. 그러나 극점의 밀도를 계산하여 등밀도선을 그리면 극점이 밀집된

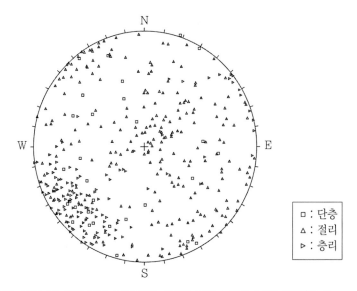

그림 5.26 층리, 절리 및 단층으로 이루어진 421개 불연속면의 극점 투영(Wyllie and Mah, 1981)

구역을 파악할 수 있고, 불연속면군의 방향성도 찾아낼 수 있다.

Denness는 극점으로 투영된 불연속면의 등밀도선을 구하기 위하여 기준구면을 100개의 사각형으로 나누는 계수망을 고안하였다. 그림 5.27a에서 A로 표시된 기준구 표면의 1%에 해당하는 사각형은 평사투영망에 A'의 사각형으로 투영된다. B로 표시된 기준구 표면의 1%에 해당하는 사각형은 기준구 적도의 상반부와 하반부에 걸쳐서 분포하고 있으며, 이 사각형의 상반부에 분포하는 영역은 기준구의 반대편에 있는 B 사각형의 하반부에 분포하는 영역에 해당한다. 그러므로 B 사각형 내에 분포하는 극점들은 투영하면 투영망의 원주 부근에 양쪽에 걸쳐서 표시된다. 경사가 수직에 가까운 불연속면이 많이 분포하면 극점들은 투영망의 원주 부근에 분포하게 되므로, Denness의 A형 계수망을 사용하는 것이 편리하다(그림 5.27b). 반면에 경사가 수직에 가까운 불연속면이 많이 분포하지 않으면, Denness의 B형 계수망을 사용하는 것이 편리하다(그림 5.27c).

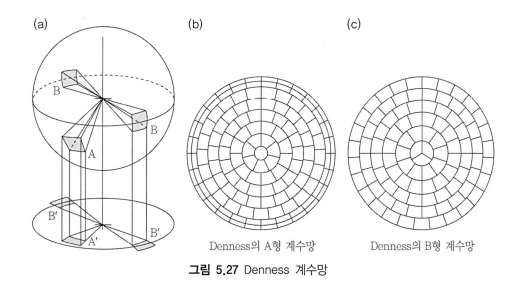

Denness의 A형 계수망   Denness의 B형 계수망

그림 5.27 Denness 계수망

등밀도선을 구하기 위해서는 먼저 투명한 계수망의 중심이 투영망의 중심과 일치하도록 올려놓고, 트레이싱 용지 한 장을 계수망 위에 올려놓는다. 계수망의 각 사각형 내에 분포하는 극점의 개수를 트레이싱 용지에 보이는 사각형의 중심에 기록한다. 계수망을 약간 회전하면 사각형 내에 분포하는 극점의 분포가 달라지게 되고, 계수망의 사각형 내에 분포하는 극점의 개수를 회전된 각 사각형의 중심인 트레이싱 용지에 기록한다. 이런 방법을 이용하면 투영망

전 구역의 극점 밀도를 구할 수 있고, 극점의 밀도가 동일한 점들을 연결하면 극점의 등밀도선을 구할 수 있다. 그림 5.28은 5.26에 투영된 불연속면의 등밀도선을 보여준다. 그림 5.28에서는 1개의 층리와 2개의 절리군이 확인되었으며, 각각의 불연속면군에 대한 대원을 그려 각 불연속면의 방향성과 각 불연속군의 교차선의 방향도 확인되었다.

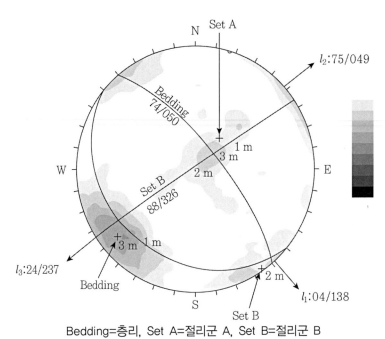

Bedding=층리, Set A=절리군 A, Set B=절리군 B

그림 5.28 그림 5.26의 극점에 대한 등밀도선과 등밀도선에 의하여 확인된 불연속면군의 대원.

5.4 불연속면의 역학적 특성

불연속면은 표면상태에 따라 비팽창성 불연속면(non-dilatational discontinuity)과 팽창성 불연속면(dilatational discontinuity)으로 구분된다. 비팽창성 불연속면은 표면이 평탄한 형상, 팽창성 불연속면은 표면이 굴곡한 형상을 보인다. 불연속면의 전단강도는 전단응력에 대한 저항력으로 전단저항력(shear resistance)으로 표현될 수 있다. 불연속면 전단강도는 Coulomb의 파괴기준식으로 간단하게 나타낼 수 있다. 하지만 이것은 비팽창성 불연속면에 한정하여 적용된다. 팽창성 불연속면에 대한 변형과 파괴특성은 암괴 크기에 의존한다

(Pratt, 1974; Barton and Choubey, 1977; Bandis et al., 1981). 크기 의존성과 거동은 불연속면의 거칠기와 벽면강도와 같은 불연속면 표면 특성과 암괴 크기에 의해 많은 영향을 받는다. 따라서 불연속면이 존재하는 구간에 대한 암반 구조물 설계나 안정성 평가를 수행하기 위해서는 불연속면의 변형 및 파괴특성을 정확하게 파악할 필요성이 있다.

1) 불연속면 강도특성

불연속면에 대한 강도특성은 마찰면에서 최대전단저항력(τ)이 수직력(σ)에 비례하는 마찰법칙(friction law)으로 설명할 수 있으며, Coulomb(1785)은 점착력 개념을 이용하여 식 (5.6)을 제안하였다.

$$\tau = k + \frac{\sigma}{\mu} \tag{5.6}$$

여기서, k = 상수, μ = 마찰계수의 역수

위의 마찰법칙에 의해 제안된 식들은 불연속면 표면이 평탄한 비팽창성 불연속면에 대해서는 유효하지만, 굴곡 형상의 팽창성 불연속면의 경우에서는 경사진 마찰면을 고려해야 한다.

일정한 수직하중하에서 전단시험(그림 5.29a)을 실시할 때, 전단응력은 전단변위 증가와 함께 최대전단응력(peak shear stress, τ_p)에 도달할 때까지 계속적으로 증가한다. 최대전단응력 도달 후 전단변위는 계속 증가하며 전단응력은 잔류전단응력(residual shear stress, τ_r)까지 감소하다가 일정하게 유지된다(그림 5.29b). 수직응력 단계에 따른 최대전단응력과 잔류전단응력을 $\sigma - \tau$ 평면상에 도시(그림 5.29c)하여 나타내면, 식 (5.7)의 최대전단강도식과 식 (5.8)의 잔류전단강도식을 얻을 수 있다.

$$\tau_p = c + \sigma \tan \phi_p \tag{5.7}$$
$$\tau_r = \sigma \tan \phi_r \tag{5.8}$$

여기서, c = 불연속면의 점착력(cohesion), ϕ_p = 불연속면의 최대 마찰각(peak friction angle), ϕ_r = 불연속면의 잔류마찰각(residual friction angle)

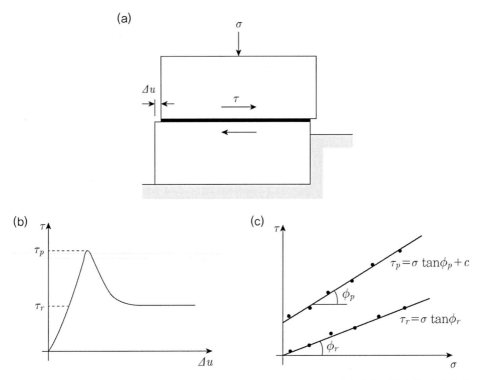

그림 5.29 Mohr–Coulomb 전단강도식: (a) 일정한 수직하중 조건의 직접전단시험, (b) 전단변위–전단 응력 곡선, (c) 전단강도식

위의 식들은 평탄한 불연속면으로부터 얻은 것으로서, 식 (5.7)을 Mohr–Coulomb 강도기준식이라 한다. 불연속면에서 전단변위가 증가하여 잔류전단강도에 도달하면 점착력이 0이 되어, 이를 식으로 표현하면 식 (5.8)이 된다. 일반적으로 잔류마찰각은 최대 마찰각보다 작은 값을 가진다. 또한 불연속면에서 최대 마찰각과 잔류마찰각 외에도 거칠기가 없는 매끈한 불연속면의 마찰각인 기본마찰각(basic friction angle, ϕ_b)이 있다. 하지만 실제 불연속면 전단시험에서 전단은 거칠기가 있는 두 암반 블록 벽면을 따라 발생한다(그림 5.30). 즉, 전단방향으로 i 각도 경사진 면에 작용하는 전단응력(τ_i)과 수직응력(σ_i)은 식 (5.9)와 (5.10)으로 표현된다.

$$\tau_i = \tau_p \cos^2 i - \sigma \sin i \cos i \tag{5.9}$$

$$\sigma_i = \sigma \cos^2 i - \tau_p \sin i \cos i \tag{5.10}$$

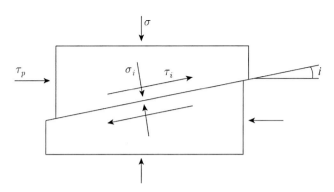

그림 5.30 돌출부 경사면에 작용하는 수직응력과 전단응력

경사면의 점착력이 0이라면, 경사면의 전단강도는 기본마찰각을 적용하여 식 (5.11)과 같이 쓸 수 있다. 또한 식 (5.9)와 (5.10)을 식 (5.11)에 대입하여 정리하면 식 (5.12)와 같은 전단강도식을 얻을 수 있다.

$$\tau_i = \sigma_i \tan \phi_b \tag{5.11}$$
$$\tau_p = \sigma_i \tan (\phi_b + i) \tag{5.12}$$

Patton(1966)은 식 (5.12)를 검증하기 위하여 톱니(saw tooth) 모양의 거칠기 경사를 갖는 시료에 대해 전단시험을 실시하여, 식 (5.13) 및 (5.14)와 같은 이중선형(bilinear) 관계식을 제안하였다. 즉, 낮은 수직응력 수준($\sigma < \sigma_T$인 경우)에서는 톱니의 돌출부에서 팽창이 발생하여 마찰각이 $\phi_b + i$이 되므로 식 (5.13)과 같이 표현된다. 반면에 수직응력 수준이 높아($\sigma \geq \sigma_T$인 경우)지면 톱니의 돌출부가 파쇄되어 마찰각은 잔류마찰각과 같은 ϕ_r이 되므로 식 (5.14)와 같이 나타낸다.

$$\tau_p = \sigma \tan (\phi_b + i), \ \sigma < \sigma_T \tag{5.13}$$
$$\tau_p = c_J + \sigma \tan \phi_r, \ \sigma \geq \sigma_T \tag{5.14}$$

여기서, 전이응력 $\sigma_T = \dfrac{c_J}{\tan (\phi_b + i) - \tan \phi_r}$

그림 5.31은 Patton의 이중선형 전단강도곡선을 나타낸다. 하지만 이중선형 관계식은 톱니

모양 거칠기 돌출부 파괴 이전과 이후의 전단 형태가 완전히 분리되는 가정이지만, 실제 불연속면의 전단거동에서는 돌출부 파괴가 점진적으로 일어난다.

Ladanyi and Archambault(1970)은 이러한 점을 해결하기 위해 불연속면의 마찰, 수직팽창, 거칠기 표면의 요철 손상을 모두 고려한 식 (5.15)의 전단강도식을 제안하였다.

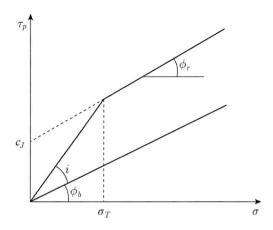

그림 5.31 Patton의 이중선형 전단강도곡선

$$\tau_p = \frac{\sigma(1-a_s)(\dot{v}+\tan\phi_b)+a_s s_r}{1-(1-a_s)\dot{v}\tan\phi_b} \tag{5.15}$$

여기서, a_s = 불연속면 전체 수평 투영면적에 대한 전단된 돌출부 비율, s_r = 불연속면 돌출부의 전단강도, $\dot{v}$ = 정점전단응력에서 수직팽창률

그림 5.32는 제안된 다양한 전단강도식을 도시한 것이다.

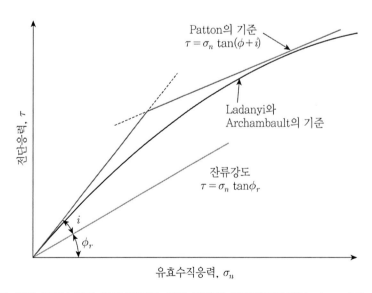

그림 5.32 거친 불연속면의 강도 평가를 위한 다양한 전단강도곡선(Hoek and Bray, 1981)

현재 가장 많이 이용되고 있는 불연속면의 전단강도식은 Barton(1973)이 제안한 인공 및 자연절리에 대한 시험결과를 분석하여 식 (5.16)의 경험적 비선형 전단강도식이다.

$$\tau_p = \sigma \tan\left[\phi_b + JRC\log_{10}\left(\frac{JCS}{\sigma}\right)\right]$$ (5.16)

여기서, JRC = 절리면 거칠기 계수(Joint Roughness Coefficient), JCS = 절리면 압축강도(Joint Compressive Strength), $JRC\log_{10}\left(\dfrac{JCS}{\sigma}\right)$ = 절리면 거칠기 각

JRC는 상수로서 0~20 사이의 값으로 Barton and Choubey(1977)가 제시한 표준 거칠기 단면(그림 5.12), 간단한 현장 및 실내 경사시험(tilt test, 그림 5.33), 또는 직접전단시험 결과의 역산으로부터 측정 가능하다. 식 (5.17)은 경사시험을 통한 JRC 계산식을 나타낸다.

$$JRC = \frac{\alpha - \phi_r}{\log_{10}\left(\dfrac{JCS}{\sigma}\right)}$$ (5.17)

여기서, α = 블록의 미끄러짐이 발생할 때 경사각, σ = 미끄러질 때의 유효수직응력(= 상부 블록 자중 × cosα/절리 면적)

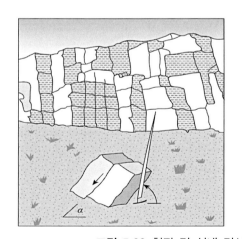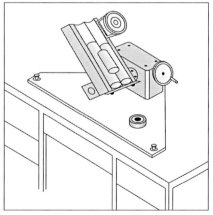

그림 5.33 현장 및 실내 경사시험(Barton et al., 1985)

잔류마찰각은 마모나 변질효과 때문에 평탄한 불연속면에 대한 경사시험으로 구한 기본마찰각보다 작다. Barton and Choubey(1977)는 슈미트 해머 반발지수를 이용하여 기본마찰각으로부터 잔류마찰각을 계산하는 식 (5.18)을 제안하였다.

$$\phi_r = (\phi_b - 20) + 20\frac{r}{R} \tag{5.18}$$

여기서, R = 풍화되지 않고 건조하며 신선한 시료에 대한 슈미트 해머 반발지수, r = 풍화되고 포화된 절리 벽면에 대한 반발지수

2) 불연속면 변형특성

불연속면의 변형거동은 절리면에 평행한 방향으로 발생하는 전단변형과 절리면에 수직한 방향으로 발생하는 수직변형으로 구분된다. 절리의 수직변형 거동은 불연속면에 수직한 방향으로 하중을 가하여 불연속면의 틈새가 닫히는 수직변위-수직하중 관계로 나타낼 수 있다(그림 5.34). 그리고 절리의 전단변형 거동은 수직방향으로 일정한 하중이 가해진 상태에서 불연속면을 포함한 시료에 전단력을 가하여 상부와 하부 블록 사이에 상대적인 전단변위가 발생됐을 때의 전단변위-전단력 관계로 나타낼 수 있다(그림 5.35). 불연속면의 변형특성은 원칙적으로 힘-변위 관계를 나타낸다. 하지만 불연속면 시료의 크기에 따라 접촉면에 작용하는 평균압력이 다르게 되므로 보통 평균압력-변위 관계로 나타낸다. 수직하중-수직변형 곡선은 아래로 볼록한 형태(concave)이며, 전단하중-전단변형 곡선은 위로 볼록한 형태(convex)이다.

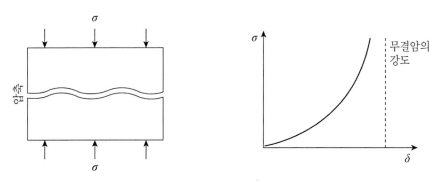

그림 5.34 불연속면의 수직변형 거동(Hudson and Harrison, 1997)

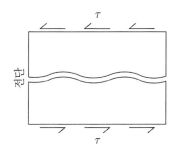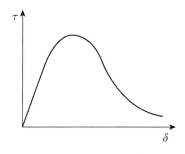

그림 5.35 불연속면의 전단변형 거동(Hudson and Harrison, 1997)

Bandis et al.(1983)은 불연속면의 수직변형 거동을 나타내는 식 (5.19)의 쌍곡선 형태의 관계식을 제안했다. 이 식은 평균 수직압력(σ_n)과 불연속면 틈새의 폐쇄(δ_n)와의 관계를 나타낸다.

$$\sigma_n = \frac{\delta_n}{a - b\delta_n} \qquad (5.19)$$

여기서, a = 상수로서 초기 수직강성(normal stiffness)의 역수 $1/k_{ni}$, b = 상수로서 초기 수직강성과 틈새 완전 폐쇄 시의 δ_n값으로 결정

평균 수직압력과 수직변위인 틈새 폐쇄와의 관계를 연결시켜주는 비례상수를 불연속면의 수직강성(k_n)이라 한다. 수직강성은 식 (5.19)를 δ_n에 대해 미분함으로써 식 (5.20)을 얻을 수 있다.

$$k_n = \frac{a}{(a - b\delta_n)^2} \qquad (5.20)$$

식 (5.20)에 $\delta_n = 0$을 대입하면, 초기 수직강성 $k_{ni} = 1/a$이 된다. 접선의 기울기는 평균 수직압력이 증가할수록 커지다가 틈새가 완전 폐쇄될 때에는 무한대(∞)의 값을 갖는다. 이것은 불연속면에 가해지는 평균 수직압력이 증가함에 따라 불연속면 양쪽 벽면의 접촉

면적이 증가하기 때문이다. 틈새가 완전히 폐쇄될 때 식 (5.20)은 무한대의 값을 가지므로 분모가 0이 되어 δ_n는 식 (5.21)과 같이 표현된다.

$$\delta_n = \frac{a}{b} \tag{5.21}$$

표면이 거친 불연속면의 전단변형 거동은 최대 전단저항까지는 선형성을 보이다가 최대 전단저항 근처에서는 위로 볼록한 쌍곡선 형태를 보인다. 불연속면의 요철로 인하여 수직변위가 발생하여 불연속면의 틈새가 커지게 되는데, 이것을 팽창성 불연속면이라 한다. 최대 전단저항 이전까지는 쌍곡선 함수로 표현되는데, Kulhawy(1975)는 이 쌍곡선 함수를 식 (5.22)로 나타냈다.

$$\tau = \frac{\delta_s}{m + n\delta_s} \tag{5.22}$$

여기서, τ = 평균 전단압력, δ_s = 전단변위, m = 초기 전단강성의 역수 $1/k_{si}$, n = 실험에 의해 결정되는 상수

평균 전단압력과 전단변위와의 관계를 연결시켜주는 비례상수를 불연속면의 전단강성(k_s)이라 한다. 전단강성은 식 (5.22)를 δ_s에 대해 미분함으로써 식 (5.23)을 얻을 수 있다.

$$k_s = \frac{m}{(m - n\delta_s)^2} \tag{5.23}$$

수직거동과는 다르게 불연속면의 전단거동은 최대 전단저항 이전까지 대체적으로 선형적 거동을 보이므로 전단강성은 식 (5.23) 대신 실험결과에 의해 얻어진 전단변형곡선의 직선부분 기울기를 사용하기도 한다.

5.5 불연속면 강도 및 시험

2축 응력하에서 불연속면 상태에 따라 나타날 수 있는 암반의 강도 변화에 대해 알아보자. 그림 5.36a는 1개 조의 불연속면 군과 (b)는 1개의 불연속면을 포함하고 있는 암반을 나타낸다. 만약 모든 불연속면의 강도가 같고 파괴가 불연속면을 따라 발생할 경우에는 두 암반의 강도는 같다. 무결암과 불연속면이 Coulomb의 파괴기준식을 따를 경우, 불연속면에 대한 파괴기준식 (5.24)와 무결암에 대한 파괴기준식 (5.25)를 각각 얻을 수 있다.

$$|\tau| = c_j + \sigma \tan\phi_j \tag{5.24}$$
$$|\tau| = c_m + \sigma \tan\phi_m \tag{5.25}$$

여기서, c_j = 불연속면의 점착력, c_m = 무결암의 점착력, ϕ_j = 불연속면의 마찰각, ϕ_m = 무결암의 마찰각

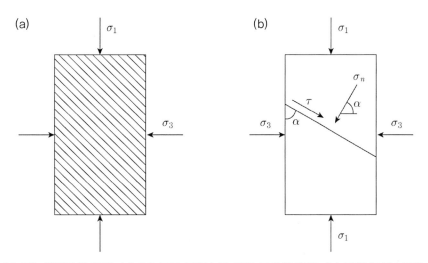

그림 5.36 2축 응력하의 암반: (a) 1개 조의 불연속면 군을 포함한 암반, (b) 단일 불연속면을 포함한 암반

위의 식을 $\sigma - \tau$ 평면상에 도시하여 나타내면 그림 5.37과 같다. 그림 5.37의 두 직각삼각형으로부터 무결암의 파괴 시 최대주응력(σ_1)과 최소주응력(σ_3)의 관계를 구할 수 있다. 식

(5.26)과 (5.27)은 이것으로부터 유도된 식이다.

$$\tan\phi_m = \frac{R\cos\phi_m - c}{\sigma_R} \tag{5.26}$$

$$\sigma_m - \sigma_R = R\sin\phi_m \tag{5.27}$$

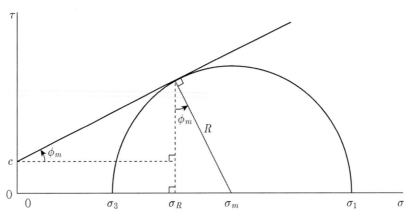

그림 5.37 Mohr–Coulomb의 파괴기준선에 접한 모어 응력원

위의 두 식으로부터 σ_R를 제거하고 σ_m를 구하면, 아래의 식 (5.28)과 같다.

$$\sigma_m = \frac{R}{\sin\phi_m} - \frac{c}{\tan\phi_m} \tag{5.28}$$

σ_m = 원의 중심, R = 반지름이므로 이것을 다른 형태로 나타내면, 식 (5.29)와 (5.30)으로 표현할 수 있다.

$$\sigma_m = \frac{\sigma_1 + \sigma_3}{2} \tag{5.29}$$

$$R = \frac{\sigma_1 - \sigma_3}{2} \tag{5.30}$$

식 (5.29)와 (5.30)을 식 (5.28)에 대입하여 정리하면 식 (5.31)과 같다.

$$\sigma_1 = \frac{\sigma_3(1 + \sin\phi_m)}{1 - \sin\phi_m} + \frac{2c_m \cos\phi_m}{1 - \sin\phi_m} \tag{5.31}$$

식 (5.31)은 점착력 c_m, 마찰각이 ϕ_m인 무결암에 구속압 σ_3가 작용할 경우에는 압축강도 σ_1을 구할 수 있다. 불연속면의 파괴는 그림 5.36b에서 보이는 바와 같이 최대주응력 방향과 α만큼 경사진 불연속면에 작용하는 수직응력(σ)과 전단응력(τ)을 식 (5.32)와 (5.33)으로 나타낼 수 있다.

$$\sigma = \frac{(\sigma_1 + \sigma_2)}{2} - \frac{(\sigma_1 - \sigma_2)}{2}\cos2\alpha \tag{5.32}$$

$$\tau = \frac{(\sigma_1 - \sigma_3)}{2}\sin2\alpha \tag{5.33}$$

식 (5.32)와 (5.33)을 불연속면에 대한 파괴기준식, 식 (5.24)에 대입하여 정리하면 식 (5.34)와 같다.

$$\frac{(\sigma_1 - \sigma_3)}{2}\sin2\alpha = c_j + \left[\frac{(\sigma_1 + \sigma_3)}{2} - \frac{(\sigma_1 - \sigma_3)}{2}\cos2\alpha\right]\tan\phi_j \tag{5.34}$$

식 (5.34)의 양변에 $2\cos\phi_j$를 곱하여 정리하면 식 (5.35)로 표현된다.

$$(\sigma_1 - \sigma_3)\sin2\alpha\cos\phi_j = 2c_j\cos\phi_j + (\sigma_1 + \sigma_3)\sin\phi_j - (\sigma_1 - \sigma_3)\cos2\alpha\sin\phi_j \tag{5.35}$$

삼각함수 합의 공식을 이용하여 식 (5.35)를 정리하면 식 (5.36)이 된다.

$$(\sigma_1 - \sigma_3)\sin(2\alpha + \phi_j) = 2c_j\cos\phi_j + (\sigma_1 + \sigma_3)\sin\phi_j \tag{5.36}$$

식 (5.36)을 σ_1에 대해 정리하면 식 (5.37)과 같다.

$$\sigma_1 = \frac{2c_j\cos\phi_j + \sigma_3\left[\sin(2\alpha + \phi_j) + \sin\phi_j\right]}{\sin(2\alpha + \phi_j) - \sin\phi_j} = \frac{c_j\cos\phi_j + \sigma_3\sin(\alpha + \phi_j)\cos\alpha}{\cos(\alpha + \phi_j)\sin\alpha} \tag{5.37}$$

식 (5.37)은 점착력 c_j, 마찰각이 ϕ_j인 불연속면을 포함한 암반에 구속압 σ_3가 작용할 때, 불연속면을 따라 전단파괴가 발생할 때의 압축강도 σ_1을 구할 수 있다. $\alpha \to 0$에 가까워지면 분모도 0으로 수렴하므로 $\sigma_1 \to \infty$로 커지게 된다. 또한 $\alpha + \phi_j \to \dfrac{\pi}{2}$로 가까워지면 분모가 0으로 수렴하여 $\sigma_1 \to \infty$로 커지게 된다. 이러한 사실은 α가 작을 때나 $\alpha > \dfrac{\pi}{2} - \phi_j$일 때는 불연속면에서 전단파괴가 발생하지 않고 무결암이 파괴됨을 의미한다. 식 (5.37)을 α에 대해 미분한 후 0으로 놓으면, α 변화에 따른 σ_1의 최솟값을 구할 수 있다. 즉 $2\alpha + \phi_j = \dfrac{\pi}{2}$일 때, σ_1은 최솟값을 가진다. 다시 말하면, $\alpha = \dfrac{\pi}{4} - \dfrac{\phi_j}{2}$일 때 최소이며, 이것을 식 (5.37)에 대입하여 정리하면 식 (5.38)과 같이 나타낼 수 있다.

$$\sigma_1 = \frac{2c_j \cos\phi_j + \sigma_3(1 + \sin\phi_j)}{1 - \sin\phi_j} \tag{5.38}$$

식 (5.31)과 (5.37)로부터 불연속면을 포함한 암반의 강도가 불연속면의 각도에 따라 변화하는 양상을 그래프로 나타내면 그림 5.38과 같다.

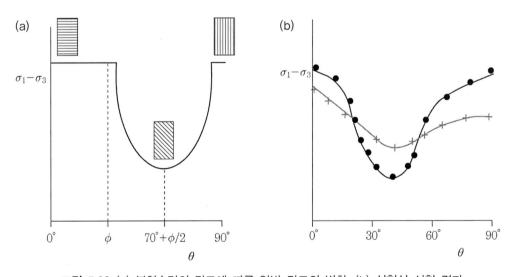

그림 5.38 (a) 불연속면의 각도에 따른 암반 강도의 변화, (b) 실험실 시험 결과

연약면을 포함한 암석에 대한 삼축압축시험 결과는 무결암의 파괴와 불연속면의 파괴가 명확하게 구분되지 않는다. 하지만 그림 5.39는 불연속면의 파괴가 강도의 이방성을 뚜렷이 나타냄을 알 수 있다. 암반 내에 여러 조의 불연속면 군이 존재하는 경우, 단일 불연속면의 효과를 중첩함으로써 암반의 강도를 그림 5.40과 같이 평가할 수 있다. 그림 5.40은 그림 5.39b의 연약면 4개 조가 45° 간격으로 발달한 가상적인 암반에 대한 강도의 이방성을 중첩의

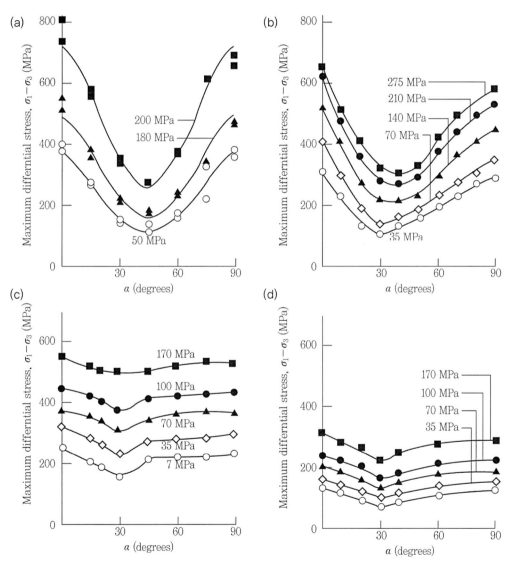

그림 5.39 연약면을 포함한 다양한 암석의 강도 이방성(Brady and Brown, 1985): (a) 천매암, (b) 슬레이트, (c) 셰일 1, (d) 셰일 2

원리를 적용하여 도시한 후, 최저 강도점들을 연결하여 암반의 강도를 평가한 것이다. 4개 조의 연약면에 의해 암반의 강도는 등방에 가까운 양상을 보이며, 강도는 단일 연약면에 의한 최소 강도에 유사한 값임을 알 수 있다. 이것으로부터 4개 조 이상의 불연속면을 포함한 암반은 강도 및 변형성에 있어서 이방성을 상실하게 됨을 알 수 있다. 이러한 암반은 암반 분류 결과를 이용하여 불연속면들에 의한 강도와 변형성의 감소 효과를 체계적으로 반영하여야 할 것이다.

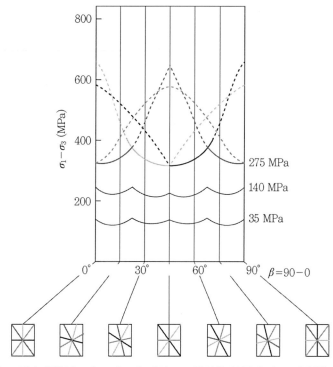

그림 5.40 그림 5.39(b) 연약면 4개 조가 45° 간격으로 발달한 암석의 강도 이방성(Brady and Brown, 1985)

01 암반 노두에서 측정된 절리의 주향/경사가 N40W/50SW일 때, 경사방향/경사로 바꾸어서 표현하라.

02 암반 노두에 노출된 절리의 주향이 N60E, 경사가 30NW일 때, 이를 평사투영망에 대원과 극점으로 작도하라.

03 절리면에 작용한 수직응력(σ)이 10 MPa, 점착력(c)이 1.0 MPa, 내부마찰각(ϕ) 30°일 때, 이 면에 작용한 전단강도는 얼마인가?

04 건조하고 거친 신선한 절리를 포함하고 있는 화강암 시료에 대해 전단시험을 실시하여 다음 표와 같은 결과를 얻었다. 절리면에 대한 기본마찰각과 거칠기 각도를 구하라.

번호	수직응력(σ_n) (MPa)	최대전단강도(τ_{max}) (MPa)	잔류전단강도(τ_{res}) (MPa)
1	0.25	0.25	0.15
2	0.50	0.50	0.30
3	1.00	1.00	0.60
4	2.00	1.80	1.15
5	4.00	2.60	2.40
6	8.00	5.80	−

05 100 m 길이의 암반 노두에서 관찰되는 절리들을 조사선(scanline)을 따라 측정한 결과 3개의 절리군에서 절리의 개수가 다음 표와 같을 때, 체적 절리계수를 구하라.

절리군 1	절리군 2	절리군 3
6개/10 m	24개/10 m	2개/10 m

06

암석의 변형

제6장
암석의 변형

6.1 탄성상수

탄성상수는 암석에 작용하는 응력의 세기와 이에 대한 물체의 변형거동을 나타내는 고유상수이다. 암석의 탄성변형거동은 하중의 상태에 따라 정탄성거동과 동탄성거동으로 구분할 수 있으며, 거동 형태에 따라 각기 다른 방법으로 탄성상수를 계산한다. 암석의 대표적 탄성상수로는 영률(Young's modulus) 또는 탄성계수(elastic modulus), 포아송 비(Poisson's ratio), 강성률(modulus of rigidity), 체적탄성계수(bulk modulus) 등이 있다.

6.1.1 영률과 포아송 비

등방성(isotropic)의 균질한(homogeneous) 선형탄성고체에 대해 그림 6.1과 같이 일축방향의 압축하중조건을 고려해보자. 이때 물체는 고유 성질에 따라 상이한 변형거동을 나타내게 될 것이다. 이처럼 일축변형의 영역에서 어떤 물체의 변형거동을 지배하는 대표적 탄성상수로는 영률과 포아송 비가 있다. 영률은 재료의 변형거동에서 응력과 변형률 간의 관계를 정의하는 탄성계수로써, 1차원 Hooke의 법칙에 따라 다음의 식 (6.1)과 같이 나타낼 수 있다.

$$E = \frac{\sigma}{\varepsilon} \tag{6.1}$$

여기서 E는 영률, σ는 응력 그리고 ε은 변형률이다. 즉, 영률 E는 어떤 물체에 대해 그 물체를 단위 변형률($\varepsilon = 1$)만큼 변형시키는 데 필요한 응력의 세기를 의미한다. 그림 6.1의 예시의 경우를 살펴보면, 동일한 가압 하중조건에서 물체 B에 비해 물체 A에서 더 적은 축방향 변형이 발생하였으므로, 물체 A는 물체 B에 비해 상대적으로 영률이 크다고 할 수 있다.

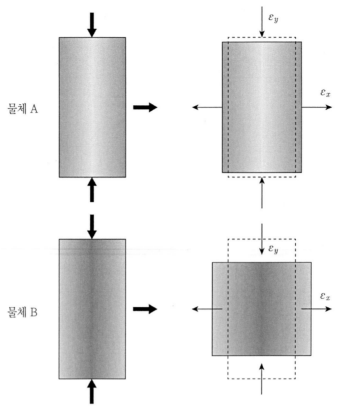

그림 6.1 일축변형조건에서의 물체의 탄성변형거동

포아송 비는 일축응력이 작용하는 재료의 축방향 변형률 ε_y에 대한 횡방향 변형률 ε_x의 비율을 나타내는 상수로써, 식 (6.2)와 같이 정의된다.

$$\nu = -\frac{\varepsilon_x}{\varepsilon_y} \tag{6.2}$$

암석이나 콘크리트의 포아송 비는 0.1에서 0.3 사이의 값을 갖는 것이 일반적이다. 축방향 변형률은 발생하지만 횡방향 변형률은 발생하지 않은 코르크는 0에 가까운 값을 보이는 반면에, 축방향 변형률이 모두 횡방향 변형률로 정의되는 완전 비압축성 재료가 갖는 이론적 포아송 비의 최댓값은 0.5에 해당된다.

6.1.2 강성률과 전단변형거동

강성률(modulus of rigidity)은 전단계수(shear modulus)라고도 불리는 탄성상수로써, 재료의 전단변형거동에 대한 응력과 변형률의 관계를 정의하는 상수이다. 그림 6.2와 같이 2차원 $x-y$평면상의 어떤 물체의 상부와 하부에 전단응력 τ_{xy}가 작용한다고 가정하면, 이 물체는 전단방향에 대해 γ_{xy}만큼의 변형률이 발생하게 된다. 이러한 전단변형거동은 Hooke 의 법칙에 따라 식 (6.3)과 같이 나타낼 수 있으며, 결과적으로 단위전단변형률($\gamma = 1$) 만큼의 변형을 위해 필요한 전단응력의 세기를 결정하는 것이 재료의 전단계수 G라 할 수 있다.

$$\tau = G\gamma \tag{6.3}$$

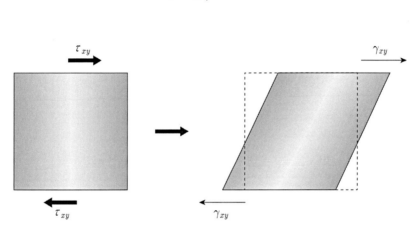

그림 6.2 일축변형조건에서의 물체의 전단변형거동

6.1.3 체적탄성계수

암반공학 문제들에 대한 접근에 있어, 일축응력이나 평면변형률 조건 등과 같이 간소화시켜 문제를 해석할 수 있는 경우들도 존재하나, 대부분의 암석의 변형은 그림 6.3과 같이 3차원 변형조건에서 발생하게 된다. 체적탄성계수 K는 작용 압력에 대한 암석의 체적변형거동을 정의하는 상수로써, 작용압력 P 및 체적변형률 ε_v에 대해 식 (6.4)와 같은 관계를 보인다.

$$P = K\varepsilon_v \tag{6.4}$$

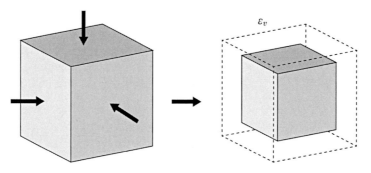

그림 6.3 3차원 조건에서 물체의 체적변형거동

6.1.4 탄성상수들의 상호관계

전단계수 G나 체적탄성계수 K의 경우, 각각의 전단 및 정수압 시험 등을 통해 계산할 수 있지만, 다음의 식들을 이용하여 탄성상수들의 상호관계를 이용하여 일축압축시험 결과를 통해서 계산할 수 있다.

$$G = \frac{E}{2(1+\nu)} \tag{6.5}$$

$$K = \frac{E}{3(1-2\nu)} \tag{6.6}$$

이처럼 하나의 탄성상수는 다른 두 탄성상수를 변수로 하는 식으로써 표현이 가능하며, 이들의 관계를 행렬로써 나타내면 다음과 같다.

$$
\begin{Bmatrix}
\epsilon_x \\
\epsilon_y \\
\epsilon_z \\
\gamma_{xy} \\
\gamma_{yz} \\
\gamma_{zx}
\end{Bmatrix}
=
\begin{pmatrix}
\frac{1}{E} & -\frac{\nu}{E} & -\frac{\nu}{E} & 0 & 0 & 0 \\
-\frac{\nu}{E} & \frac{1}{E} & -\frac{\nu}{E} & 0 & 0 & 0 \\
-\frac{\nu}{E} & -\frac{\nu}{E} & \frac{1}{E} & 0 & 0 & 0 \\
0 & 0 & 0 & \frac{2(1+\nu)}{E} & 0 & 0 \\
0 & 0 & 0 & 0 & \frac{2(1+\nu)}{E} & 0 \\
0 & 0 & 0 & 0 & 0 & \frac{2(1+\nu)}{E}
\end{pmatrix}
\begin{Bmatrix}
\sigma_x \\
\sigma_y \\
\sigma_z \\
\tau_{xy} \\
\tau_{yz} \\
\tau_{zx}
\end{Bmatrix}
$$

또한 라메상수(Lame's constant)를 이용하여 표현하면 다음과 같이 나타낼 수 있다. 즉, 변위값으로부터 응력을 계산하기 위해서는 아래 식을 사용하는 것이 간편하다.

$$
\begin{Bmatrix} \sigma_x \\ \sigma_y \\ \sigma_z \\ \tau_{xy} \\ \tau_{yz} \\ \tau_{zx} \end{Bmatrix} = \begin{pmatrix} \lambda+2G & \lambda & \lambda & 0 & 0 & 0 \\ \lambda & \lambda+2G & \lambda & 0 & 0 & 0 \\ \lambda & \lambda & \lambda+2G & 0 & 0 & 0 \\ 0 & 0 & 0 & G & 0 & 0 \\ 0 & 0 & 0 & 0 & G & 0 \\ 0 & 0 & 0 & 0 & 0 & G \end{pmatrix} \begin{Bmatrix} \epsilon_x \\ \epsilon_y \\ \epsilon_z \\ \gamma_{xy} \\ \gamma_{yz} \\ \gamma_{zx} \end{Bmatrix}
$$

6.2 변형거동

6.2.1 암석의 하중-변형 거동

암석에 하중이 가해지면 암석 내에는 변형이 발생하며, 변형의 크기를 나타나는 다양한 탄성상수(E, ν, G, λ, K, β)가 있다. 하중을 받은 암석 내에는 응력과 변형이 발생하는데, 응력-변형률 곡선이 선형일 때는 탄성거동, 비선형일 때는 비탄성거동으로 구한다. 그림 6.4에 다양한 응력-변형률 곡선으로 암석의 변형거동을 설명하고 있다. 먼저, 응력이 제거되었을 때 원래의 형태로 돌아가는 완전탄성(a), 히스테리탄성(b), 선형탄성(c) 거동이 있으며, 응력이 제거되어도 원래의 형태로 돌아가지 않고 영구변형이 남는 완전소성(d), 파괴 이후 응력과 변형률이 같이 증가하는 변형률 경화(e), 변형률이 감소하는 변형률 연화(f) 거동이 있다.

6.2.2 정수압 조건에서의 암석의 변형 거동

정수압(hydrostatic pressure) 거동은 모든 방향에 대해 동일한 세기의 압력이 작용하는 상태에서의 암석의 변형거동을 나타내는 것으로 체적변형과 밀접한 관계가 있다. 그림 6.5는 암석의 정수압 변형거동에 대한 응력-체적변형률 곡선을 도시한 것으로, 일반적으로 4단계의 세부거동으로 나누어 표현할 수 있다.

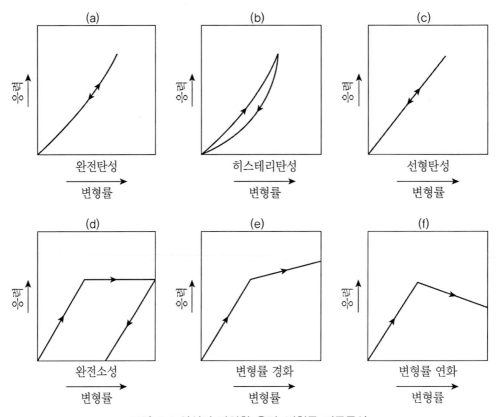

그림 6.4 암석의 다양한 응력-변형률 거동특성

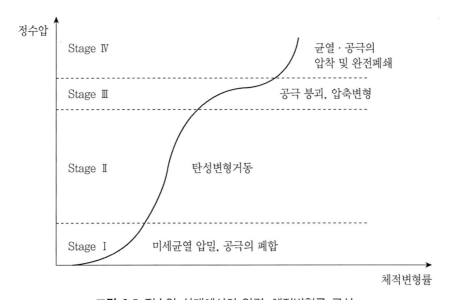

그림 6.5 정수압 상태에서의 압력-체적변형률 곡선

Stage I에 해당하는 초기 구간에서는 암석 내부에 존재하는 미세균열(microcracks)들이 압밀되면서 체적변형이 발생한다. Stage II는 미세균열들의 압밀 이후 암석이 탄성변형거동을 보이는 구간으로 압력의 증가에 대해 선형적인 체적변형률의 변화를 보인다. Stage III에서는 암석 내부에 존재하는 공극들이 파괴되는 상태로 체적변형이 크게 발생한다. 마지막으로, Stage IV에서는 암석 내부의 균열과 공극들이 압착되어 완전히 폐쇄되는 거동을 보이게 된다.

6.3 크립현상

암석의 크립(creep) 현상은 일정한 응력조건에서 연속적으로 시간에 의존하여 발생하는 변형을 의미하며, 그림 6.6은 전형적인 암석의 크립 거동을 나타낸 것이다. 암석의 크립 거동은 크게 3단계로 나눌 수 있다. 그림 6.6의 구간 I에 해당하는 초기 크립(primary creep) 거동은 비선형성을 보이는 거동으로, 거동 중 하중을 제거하면 변형률이 회복되어 영구변형이 발생하지 않는다. 암석의 초기 크립 거동은 식 (6.7)과 같이 시간에 대한 대수함수로써 표현할 수 있다.

$$\varepsilon \propto \log t \qquad (6.7)$$

2차 크립(secondary creep) 거동은 초기 크립에 비해 상대적으로 긴 시간에 걸쳐 발생하며, 선형적인 변형거동을 보인다. 2차 크립 거동 중 하중을 제거하는 경우에는 일부 변형률 회복이 일어나지만 완전한 회복은 어려우며 영구변형률이 발생하게 된다. 2차 크립 거동은 시간에 대해 선형적인 비례관계를 보이므로, 식 (6.8)과 같이 표현할 수 있다.

$$\varepsilon \propto t \qquad (6.8)$$

3차 크립(tertiary creep) 거동은 변형률 발생이 가속되는 구간으로, 실질적인 파괴가 발생하여 변형률 회복이 불가능하다. 3차 크립 거동은 1차 및 2차 크립 거동에 비해 상대적으로 매우 짧은 시간에 걸쳐 발생하며, 식 (6.9)와 같이 표현할 수 있다.

$$\varepsilon \propto t^n \tag{6.9}$$

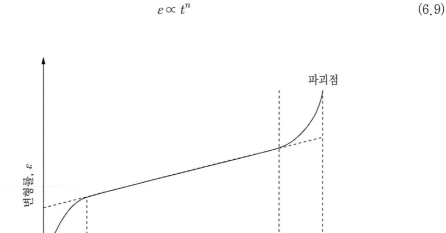

그림 6.6 전형적인 암석의 크립 곡선

6.4 현장시험

6.4.1 평판재하시험

평판재하시험(plate bearing test)은 현장 규모의 암반을 대상으로 암반의 변형거동을 평가하기 위해 사용되는 시험법으로, 일반적으로 터널이나 지하광산의 갱도 등에서 주로 사용된다. 평판재하시험을 위한 시험장치는 그림 6.7과 같이 하중의 가압을 위한 유압식 피스톤과 암반 내에서 발생하는 변위를 측정하기 위한 변위게이지로 구성되어 있으며, 암반의 표면에 하중을 가압하여 표면의 변위를 측정하는 방식으로 시험을 수행한다.

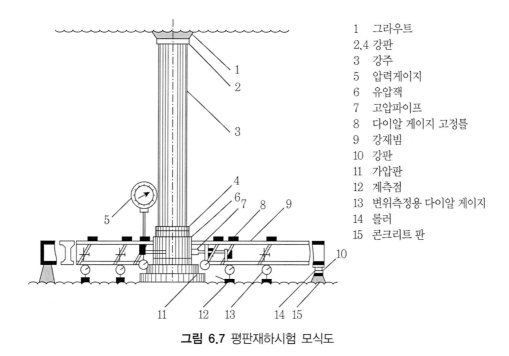

1	그라우트
2,4	강판
3	강주
5	압력게이지
6	유압잭
7	고압파이프
8	다이알 게이지 고정틀
9	강재빔
10	강판
11	가압판
12	계측점
13	변위측정용 다이알 게이지
14	롤러
15	콘크리트 판

그림 6.7 평판재하시험 모식도

시험을 통해 획득한 하중과 변위에 대한 자료는 완전 탄성의 무한한 평면에 대해 점하중(point load)을 가압하는 조건변위발생을 이론식으로 변형계수를 계산한다. 식 (6.10)은 평판재하시험에서의 발생변위와 변형계수들 간의 관계를 나타낸다(Timoshenko and Goodier, 1951).

$$\omega = \frac{Cp(1-\nu^2)\,a}{E} \tag{6.10}$$

여기서 w는 가압된 암반 면의 평균변위를 의미하며, p는 압력(가압하중을 단위면적으로 나눈 단위), a는 재하판의 면적, ν는 포아송 비, E는 영률, 그리고 C는 평판이 완전 강성체이면 약 1.57(최솟값)이고 보다 연성이면 1.70(최댓값)을 사용한다.

그림 6.8은 평판재하시험에 따른 전형적인 압력-변위곡선을 보여주는 것으로, 하중의 가압과 감압이 반복적으로 이루어진 것을 확인할 수 있다. 이는 일반적인 암반이 완전 탄성체

가 아님을 고려한 방법으로, 암반의 탄성변형과 소성변형 거동을 분리하여 해석하기 위한 과정이다. 탄성계수 E는 재하 곡선 기울기 w_{elas}을 사용하여 다음 식으로 구한다.

$$E = \frac{Cp(1-\nu^2)a}{w_{elas}} \tag{6.11}$$

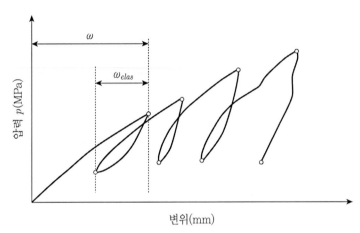

그림 6.8 평판재하시험에서의 전형적인 압력−변위 곡선

6.4.2 공내팽창시험

공내팽창시험은 현장 암반에 천공된 시추공(borehole)에서의 암반 변형계수를 측정하기 위해 적용되는 시험방법으로, 공내팽창계(borehole dilatometer)를 이용하는 방법과 Goodman jack 시험장치를 이용하는 방법이 대표적으로 사용된다. 그림 6.9는 두 시험법의 모식도를 나타내는 것으로써, 공내팽창시험의 경우에는 수압을 이용한 팩커(packer)의 팽창을 통해 하중을 가압하는 방식을 사용하며, Goodman jack은 두 개의 압력판(pressure plate)을 사용한다는 차이가 있다. 두 시험법은 공내의 변위를 측정하는 방식에서도 차이를 보이는데, 공내팽창시험은 팩커 내부 물의 주입량에 따른 부피팽창을 고려하여 공내 변위를 계산하며, Goodman jack의 경우에는 공내에 LVDT 변위계를 설치하여 공벽의 변위를 직접 측정하는 방식을 사용한다.

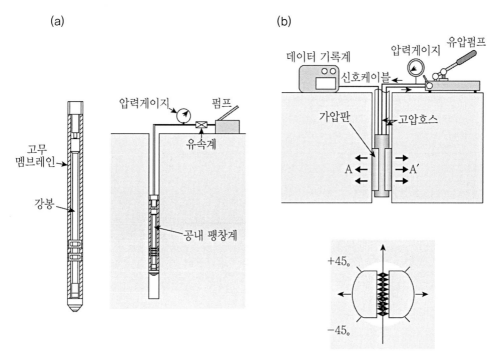

그림 6.9 공내팽창시험 모식도: (a) 공내팽창계 시험, (b) Goodman Jack 시험

공내팽창계 시험법을 통한 공벽의 변위 $\triangle u$는 식 (6.12)를 통해 계산할 수 있다.

$$\triangle u = \sqrt{a^2 + \frac{\triangle V}{\pi l}} - a \tag{6.12}$$

여기서 a는 시추공의 반경이며, $\triangle V$는 주입된 물의 부피, l은 팽창계의 길이이다. 결과적으로 암반의 변형계수(영률, E)는 탄성론에 근거하여 식 (6.13)과 같이 나타낼 수 있다.

$$E = (1 + \nu) \frac{\triangle P}{\triangle u} a \tag{6.13}$$

Goodman jack 시험법의 경우, 유압식 jack을 이용한 하중의 가압과 LVDT 변위계를 이용한 변위의 측정이 이루어지므로 직접적인 시험결과들을 토대로 탄성계수를 계산할 수 있으며, 2단계를 거치게 된다. 첫 번째 단계는 암반의 겉보기 변형계수 E_{calc}를 계산하는 것으로 식 (6.14)를 통해 계산이 가능하다.

$$E_{calc} = 0.8 \triangle Q(\frac{D}{\triangle D})T^*$$ (6.14)

여기서 $\triangle Q$는 jack의 압력증가분이며, D는 시추공의 초기 공경, $\triangle D$는 압력 증가분에 의한 시추공의 변위, T^*은 암반의 포아송 비에 따른 보정상수이다. 보정상수 T^*은 표 6.1을 이용하여 계산할 수 있다.

표 6.1 포아송비에 따른 T^*값(Heuze, 1984)

ν	0.1	0.2	0.25	0.3	0.33	0.4	0.5
T^*	1.519	1.474	1.438	1.397	1.366	1.289	1.151

두 번째 단계에서는 첫 번째 단계에서 계산한 암반의 겉보기 변형계수 E_{calc}를 토대로 암반의 실제 변형계수 E_{true}를 계산한다. E_{true}는 E_{calc}의 계산 값에 따라 두 가지 조건에 대해 계산이 가능하며, E_{calc}가 7 GPa 이하일 경우에는 식 (6.15)를, 7 GPa 이상일 경우에는 식 (6.16)을 이용하여 계산할 수 있다.

$$E_{true} = E_{calc} \ (E_{calc} < 7\,GPa)$$ (6.15)

$$E_{true} = 2.48 \times 10^{-4} E_{calc}^4 - 6.83 \times 10^{-3} E_{calc}^3 + 0.132 E_{calc}^2 + 0.53 E_{calc}$$ (6.16)
$$(E_{calc} > 7\,GPa)$$

6.4.3 동탄성상수

탄성파의 전달을 이용하는 시험에서 구한 탄성상수를 동탄성상수라 한다. 일반적으로 동탄성계수는 정적인 하중시험으로 구한 정탄성계수보다 높다. 현장에서 암반의 탄성파속도는 그림 6.10과 같이 충격햄머를 이용해서 탄성파를 만들어 임의의 거리만큼 떨어진 곳에 수진기를 설치하고, 탄성파의 전달시간을 측정하여 탄성파속도를 계산한다. 그림 내 파의 진행방향(Longitudinal geophone) 수진기로부터 측정한 파형은 종파(P파)의 전달속도(V_p)를 구하는 데 사용되며, 접선방향(Transverse geophone) 수진기로부터 측정된 파형은 횡파(S파)의 전달속도(V_s) 측정에 적용된다. 여기서 암반의 밀도(ρ), 종파속도 V_p와 횡파속도 V_s를 이용하여 다음과 같이 동탄성계수(E_d, ν_d)를 구할 수 있다.

$$\nu_d = \frac{\left(\dfrac{V_p}{V_s}\right)^2 - 2}{2\,[\,(\dfrac{V_p}{V_s})^2 - 1\,]}$$

$$E_d = 2\,(1+\nu)\,\rho\,V_s^2 = \frac{(1-2\nu)(1+\nu)}{(1-\nu)}\,\rho\,V_p^2$$

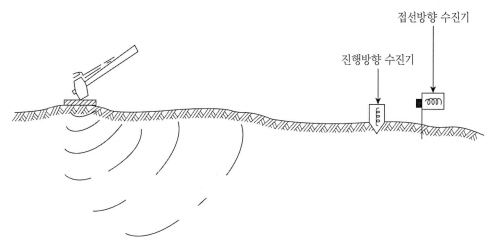

그림 6.10 현지 암반의 탄성파속도 측정방법

6.4.4 각종 시험법으로 구한 탄성계수의 변화

동일한 암반에서 실시된 평판재하시험과 암반압축시험으로 측정한 탄성계수와 암석시료로부터 구한 탄성계수를 비교하면, 실내 탄성파 속도로 구한 코어시료의 탄성계수는 약 40~50 GPa, 일축압축시험으로부터 구한 탄성계수는 약 20~36 GPa, 평판재하시험(1 m 사각 평판)에서는 약 18~20 GPa, 암반삼축압축시험(정수압)에서는 14~16 GPa, 평판재하시험 (30 cm 원판)에서는 약 8~12 GPa 값을 보이는 것으로 보고되었다.

01 직경 15 cm 길이 30 cm의 원통형 암석 시료에 P = 1 ton의 하중이 작용하여 하중작용 방향으로 0.03 cm 줄었고, 하중작용 직각방향으로 0.0015 cm가 늘어났다면 이 암석 시료의 포아송비는?

02 어느 암석 시료의 탄성계수(E)가 5 GPa, 포아송비가 0.2라면 이때의 (1) 강성률(G), (2) 체적탄성계수(K)를 구하라.

03 현장에서 충격햄머를 사용하여 P파속도(V_P) 3,500 m/s, S파속도(V_S) 2,020 m/s를 얻었다. 암반의 밀도가 2.57 g/cm^{3}이고 포아송비가 0.25일 때 암반의 동탄성계수 (1) ν_d, (2) E_d를 구하라.

07

암반분류법

제7장

암반분류법

7.1 암반분류 개요

암반을 대상으로 하는 다양한 구조물의 설계는 몇 가지 방법을 이용하여 수행된다. 가장 많이 활용되는 방법은 해석적 방법(analytical method), 관찰을 통한 방법(observation method), 경험적 방법(emperical method) 등이 있다. 해석적 방법은 굴착암반 주변의 응력 및 변형 분석을 위해 여러 가지 이론해를 이용한 계산, 수치해석 방법 등을 활용한다. 관찰을 통한 방법은 굴착면 주변 암반의 불안정성 평가를 위해 굴착 중 암반거동의 실제 모니터링 및 암반과 지보재의 상호작용 등을 중요하게 다룬다. 경험적 방법은 과거 암반 굴착에서의 경험을 토대로 한 통계자료에 기초하여 암반의 굴착 안정성을 평가하는 방식이다. 이러한 경험적 방법 중 공학적 암반분류법(Engineering rock mass classification)은 지하공간 굴착에 대한 안정성 평가를 위해 가장 많이 활용되는 방법이며, 많은 암반 구조물 프로젝트 설계에서 이 분류방법을 활용하고 있다. 이 장에서는 현재 널리 사용되고 있는 암반분류시스템에 대해서 설명한다.

암반분류는 암반을 공학적으로 활용하기 위해 경험적 자료를 바탕으로 암반의 특성을 정량화하는 방법을 말한다. 암반분류의 목적은 다음과 같이 정리될 수 있다.

(1) 암반을 유사한 거동을 보이는 그룹으로 분류한다.
(2) 각 그룹의 특성을 이해하는 데 필요한 근거를 제공한다.
(3) 공학적 설계를 위한 정량적 지수를 계산한다.
(4) 의사소통을 위한 공통적인 기준을 제공한다.

이러한 목적을 달성하기 위하여 암반분류법은 다음과 같은 조건을 만족하여야 한다.

(1) 간편하고 쉽게 기억되고 이해될 수 있어야 한다.

(2) 각 항목은 명확하고 관련 엔지니어들이 널리 사용하는 용어로 표현되어야 한다.

(3) 암반의 가장 중요한 특성들이 포함되어야 한다.

(4) 현장에서 적절한 시험방법에 의해 빠르고 경제적으로 측정 가능한 인자들에 의해 평가 항목이 구성되어야 한다.

(5) 분류변수들의 상대적 중요성을 고려한 가중치를 점수 배점에서 고려해야 한다.

(6) 암반 지보설계를 위한 정량적 자료를 제시할 수 있어야 한다.

7.2 무결암의 분류방법

암반의 공학적 설계에 있어서 암반분류는 무결암보다는 불연속면을 포함하는 암반에 대한 분류법이 보다 보편적으로 활용된다. 하지만 암반을 구성하는 무결암 자체의 특성에 대한 분류 역시 암반의 특성을 평가하기 위해 중요하기 때문에 많은 연구자에 의한 분류방법이

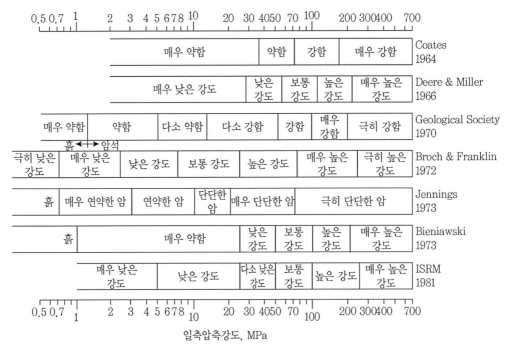

그림 7.1 무결암에 대한 여러 가지 강도 분류법

그림 7.1과 같이 제안되었다. 그중 대표적인 분류법에 대해 간단히 소개하면 다음과 같다.

(1) Deere and Miller(1966)에 의해 제안된 공학적 분류방법

현실적이고 암석역학 분야에서 사용하기 편리한 방법으로 널리 인정받고 있다.

(2) 국제암반공학회(ISRM) 분류방법(1981)

Deere와 Miller의 분류법이 25 MPa 이하 범위의 강도에 대해서 세부 분류를 하지 않았기 때문에 ISRM 제안법에서는 이를 수정분류한 방법을 제시하였다. 또한, 1 MPa를 암석 강도의 하한으로 권고하고, 이 이하의 재료는 토사로 분류함이 타당함을 제안하였다.

무결암의 분류는 그 자체로서 공학적 설계를 위한 정량적 자료를 제시하지 못하지만, 한 가지의 지수로서 상호 간 의사전달의 매체로 사용될 수 있다.

7.3 Terzaghi 암반하중 분류

Terzaghi(1946)는 터널 지보 설계를 위한 암반 분류를 위해 철재지보를 통해 전이되는 암반 하중을 기초로 한 합리적인 분류방법을 최초로 정립하였다. Terzaghi의 암반분류는 중력이 작용하는 터널에서 암반의 거동을 지배하는 요소에 대하여 간결하면서도 명확한 실용적 기술을 통해 암반 구조물의 공학적 설계에 도움을 주고자 하였다.

Terzaghi의 암반하중 개념은 그림 7.2를 이용하여 다음과 같이 설명된다.

터널이 시공되는 동안 천단부나 측벽부에서 암반의 이완이 발생한다. acdb 영역의 이완된 암반은 터널 내부로 이동하려는 경향을 보인다. 이러한 변형은 측벽부 경계인 ac, bd면을 따라 발생하는 마찰력에 의해 저항을 받으며, 이러한 마찰력은 상재 하중 W의 대부분을 터널 측벽의 암반에 전달한다. 따라서 터널 천단부와 측벽부에서의 높이 H_p에 해당하는 하중을 지지하게 된다. 이완된 암반의 폭 B_i은 암반의 특성과 터널높이 H_t 및 터널폭 B에 따라서 변화한다.

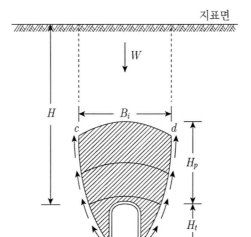

그림 7.2 Terzaghi 터널 암반하중 모델(Terzaghi, 1946)

Terzaghi의 암반하중 분류 및 암반분류에 따른 암반하중이 각각 표 7.1과 표 7.2에 제시되었으며, Deere 등에 의해 수정된 분류는 표 7.3과 같다.

이 방법은 지난 50여 년간 철재지보를 사용하는 터널에서 유용하게 사용되었으나, 록볼트와 숏크리트를 사용하는 현대적 터널공법에서는 비교적 적합하지 않다.

표 7.1 Terzaghi(1946)의 암반하중 분류법

암반분류	암반종류	정의
I	견고한 무결암	암석은 풍화되지 않았고 절리나 미세 균열을 포함하지 않음. 균열은 무결한 암석을 자르며 발생. 굴착 후 천장으로부터 포핑(popping)이나 스폴링(spalling)이 발생할 수 있음
II	견고한 층상암반	암석은 강하고 층상구조를 보임. 층은 일반적으로 넓게 분리됨. 암석 내 연약면이 있을 수도 있고 없을 수도 있음. 스폴링이 잘 발생함
III	보통 정도의 절리가 발달한 괴상암반	절리가 있는 암석으로 간격은 넓고 접합되어 있거나 아닐 수 있음. 미세균열이 있을 수 있으나 절리 사이의 매우 큰 블록들은 밀접하게 맞물려 있어 수직벽에 대해 횡 방향 지보 불필요. 스폴링 발생 가능
IV	보통 정도의 블록상 및 박층의 암반	절리의 간격은 좁으며 블록의 크기는 1 m 정도임. 암석은 강할 수도 아닐 수도 있음. 절리는 봉합되어 있을 수도 있고 아닐 수도 있으나 밀접하게 맞물려 있으므로 측압은 작용하지 않음
V	심한 블록상 및 박층의 암반	절리의 간격은 매우 좁으며 블록의 크기는 1 m 이내. 완전히 서로 분리되었거나 불완전하게 맞물려 있으며 화학적으로 신선한 암면으로 구성되어 있음. 낮은 측압이 예상되며 수직벽은 지보를 필요로 함

암반분류	암반종류	정의
VI	화학적으로 무결하지만 완전히 파쇄된 암반	화학적으로 신선하지만 분쇄물의 특징을 보임. 절리는 전혀 맞물려 있지 않으며 지보에 상당히 측압이 작용함. 블록의 크기는 수 cm~30 cm 정도임
VII	압착성 암반-보통 심도	압착성은 암석의 주목할 만한 부피팽창이 없이 터널 안으로 밀려 들어오는 역학적 현상을 의미함. 발생하는 심도는 150~1,000 m까지 발생될 수 있음
VIII	압착성 암반-깊은 심도	깊이는 150 m 이상임. 추천된 최대 터널 깊이는 1,000 m임(매우 좋은 암반에서는 2,000 m)
IX	팽창성 암반	팽창은 습기나 물에 의하여 암석이 화학적으로 변화하여 부피가 증가하는 현상임. 어떤 셰일은 공기 중의 습기를 흡수하여 팽창하기도 함. 몬모리오나이트, 일나이트 등 팽창성 광물을 포함하는 암석은 팽창하여 지보에 높은 압력을 작용함

표 7.2 각 암반분류에 대한 터널의 암반하중(Terzaghi, 1946)

암반분류	암반종류	암반하중계수, H_p	비고
I	견고한 무결암	0	스폴링이나 포핑이 발생하면 가벼운 라이닝이 요구됨
II	견고한 층상암반	0~0.5B	스폴링 방지를 위한 경지보가 요구됨. 하중은 지점마다 다를 수 있음
III	보통 정도의 절리가 발달한 괴상암반	0~0.25B	측압이 없음
IV	보통 정도의 블록상 및 박층의 암반	0.25B~0.35(B+H_t)	측압이 없음
V	심한 블록상 및 박층의 암반	(0.35~1.1)(B+H_t)	측압이 없거나 조금 있음
VI	화학적으로 무결하지만 완전히 파쇄된 암반	1.10(B+H_t)	상당한 측압이 있음. 터널 바닥에는 침출수에 의한 연화현상이 발생하기 때문에 리브(rib)의 하단부에 대한 연속적인 지보나 원형의 리브가 요구됨
VII	압착성 암반-보통 심도	(1.10~2.10)(B+H_t)	높은 측압이 있음, 인버트(invert)가 필요하며, 원형리브를 권장함
VIII	압착성 암반-깊은 심도	(2.10~4.60)(B+H_t)	높은 측압이 있음. 인버트가 필요하며, 원형리브 권장함
IX	팽창성 암반	(B+H_t) 값에 상관없이 80 m까지	원형 리브가 요구됨. 극단적인 경우 항복(yielding) 지보를 사용함

*주) B: m단위의 터널 폭, H_t: m단위의 터널 높이, H_p: 하중이 발달하는 터널 크라운 위의 이완된 암반 높이

표 7.3 Deere에 의해 수정된 암반하중 개념(Deere, 1970)

암반분류 및 상태	RQD(%)	암반하중계수, H_p	비고
I. 견고한 무결암	95~100	0	표 7.2와 동일
II. 견고한 층상암반	90~99	0~0.5B	표 7.2와 동일
III. 보통 정도의 절리가 발달한 괴상암반	85~95	0~0.25B	표 7.2와 동일
IV. 보통 정도의 블록상 및 박층의 암반	75~85	$0.25B~0.35(B+H_t)$	유형 IV, V, VI은 지하수면이 암석 하중에 거의 영향을 미치지 않기 때문에 Terzaghi 값으로부터 50% 감소시킴.
V. 심한 블록상 및 박층의 암반	30~75	$(0.2~0.6)$ $(B+H_t)$	위와 동일
VI. 완전 파쇄된 암반	3~30	$(0.6~1.1)$ $(B+H_t)$	위와 동일
VIa. 모래 및 자갈	0~30	$(1.1~1.4)$ $(B+H_t)$	위와 동일
VII. 보통 심도의 압착성 암반	적용불가	$(1.1~2.1)$ $(B+H_t)$	표 7.2와 동일
VIII. 깊은 심도의 압착성 암반	적용불가	$(2.10~4.50)$ $(B+H_t)$	표 7.2와 동일
IX. 팽창성 암반	적용불가	$(B+H_t)$ 값에 상관없이 80 m까지	표 7.2와 동일

*주) B: m단위의 터널 폭, H_t: m단위의 터널 높이, H_p: 하중이 발달하는 터널 크라운 위의 이완된 암반 높이

7.4 RQD

Deere(1964)는 시추코어로부터 암질을 정량적으로 평가할 수 있는 방법으로 RQD(Rock Quality Designation)를 제안하였으며, 현재까지도 널리 활용되는 방법 중 하나이다.

RQD는 전체 시추 길이에서 100 mm 이상 코어 길이의 합의 비율로 정의된다. 코어는 주로 NX(직경 54.7 mm) 구경 이상으로 이중 코어배럴을 사용하여 회수하도록 제안되고 있다. 코어 길이의 정확한 측정 절차와 RQD의 계산은 그림 7.3에 나타나 있다. 또한 표 7.4에 나타난 바와 같이 RQD 값을 기준으로 암질을 분류하고 이를 기준으로 터널 지보재 선정에 활용이 가능하다.

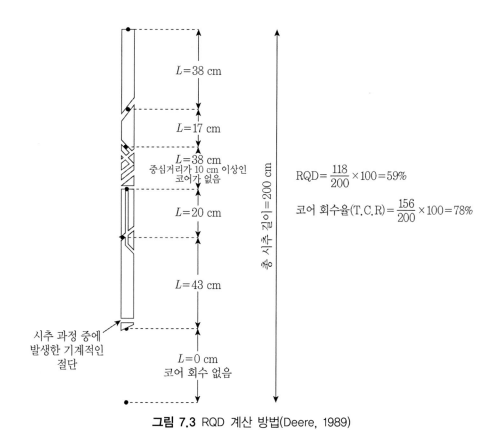

$$RQD = \frac{118}{200} \times 100 = 59\%$$

$$코어 \ 회수율(T.C.R) = \frac{156}{200} \times 100 = 78\%$$

그림 7.3 RQD 계산 방법(Deere, 1989)

표 7.4 RQD에 의한 지보설계(터널직경 6~12 m 기준, Deere et al., 1970)

암질	굴착방법	선택 가능한 지보 설계		
		철재지보[2]	록볼트	숏크리트
매우 양호 RQD > 90	TBM	불필요 혹은 경우에 따라 소형 철재지보 암반하중(0.0~0.2 B)	불필요 혹은 경우에 따라 설치	불필요 혹은 경우에 따라 국부적으로 타설
	천공발파	불필요 혹은 경우에 따라 소형 철재지보 암반하중(0.0~0.3 B)	불필요 혹은 경우에 따라 설치	불필요 혹은 경우에 따라 국부적으로 타설, 두께 2~3 in
양호 75 < RQD < 90	TBM	경우에 따라 CTC 5~6 ft의 소형 패턴 철재지보 암반하중(0.0~0.4 B)	경우에 따라 CTC 5~6 ft의 패턴 볼트	불필요 혹은 경우에 따라 국부적으로 타설, 두께 2~3 in
	천공발파	CTC 5~6 ft의 소형 철재지보 암반하중(0.3~0.6 B)	CTC 5~6 ft의 패턴 볼트	경우에 따라 국부적으로 타설, 두께 2~3 in

암질	굴착방법	선택 가능한 지보 설계		
		철재지보[2]	록볼트	숏크리트
보통 50 < RQD < 75	TBM	CTC 5~6 ft의 소형 혹은 중형 철재지보 암반하중(0.4~1.0 B)	CTC 4~6 ft의 패턴 볼트	천장부에 타설, 두께 2~4 in
	천공발파	CTC 4~5 ft의 소형 혹은 중형 철재지보 암반하중(0.6~1.3 B)	CTC 3~5 ft의 패턴 볼트	천장부와 측벽부에 타설, 두께 4 in 이상
불량 25 < RQD < 50	TBM	CTC 3~4 ft의 중형 원형 철재지보 암반하중(1.0~1.6 B)	CTC 3~5 ft의 패턴 볼트	천장부와 측벽부에 타설, 두께 4~6 in, 록볼트와 병용
	천공발파	CTC 2~4 ft의 중형 또는 대형 철재지보 암반하중(1.3~2.0 B)	CTC 2~4 ft의 패턴 볼트	천장부와 측벽부에 타설, 두께 6 in 이상, 록볼트와 병용
매우불량 RQD < 25 (압착성 혹은 팽창성 암반 제외)	TBM	CTC 2 ft의 중형 또는 대형 원형 철재지보 암반하중(1.6~2.2 B)	CTC 2~4 ft의 패턴 볼트	전체면에 타설, 두께 6 in 이상 중형 철재지보와 병용
	천공발파	CTC2 ft의 대형 원형 철재지보 암반하중(1.6~2.2 B)	CTC 3 ft의 패턴 볼트	전체면에 타설, 두께 6 in 이상 중형 또는 대형 철재지보와 병용
매우불량 (압착성 혹은 팽창성 암반	TBM	CTC 2 ft의 초대형 원형 철재지보 암반하중 최대 250 ft	CTC 2~3 ft의 패턴 볼트	전면 부분에 타설, 두께 6 in 이상 대형 철재지보와 병용
	천공발파	CTC 2 ft의 초대형 원형 철재지보 암반하중 최대 250 ft	CTC 2~3 ft의 패턴 볼트	전면 부분에 타설, 두께 6 in 이상 대형 철재지보와 병용

주) 1. 양호한 암반이나 매우 양호한 안반 조건에서의 지보량은 일반적으로 최소화되나 절리의 기하학적 형태, 터널직경, 절리와 터널의 상대적 방향성에 따라 달라진다.
  2. 래깅(lagging)은 매우 양호한 암반에서는 불필요하며, 양호한 암반조건에서는 25%, 매우 불량한 암반에서는 100%까지 필요성을 갖는다.
  3. 메쉬(mesh)는 매우 양호한 암반조건에서는 불필요하며, 양호한 암반에서는 필요에 따라 설치하며, 매우 불량한 암반에서는 100% 설치하여야 한다.
  4. B = 터널의 폭
  5. CTC(Center To Center) = 중심거리

RQD는 절리 사이에 점토 충진물이나 풍화된 물질이 있는 경우에는 적용에 한계가 있다. 또한, RQD는 신속하고 적은 비용으로 구할 수 있는 지수이나, 절리의 방향성, 밀착성, 충진물

을 고려할 수 없는 한계가 있다. 결론적으로 RQD는 코어 암질 평가에 대해서는 실용적인 변수이나 그 자체만으로는 암반의 암질을 충분히 표현할 수 없다.

Palmström(1982)는 코어를 회수할 수 없는 경우 암반 노출면에서 불연속면 관찰을 통해 RQD를 평가하는 방법을 다음과 같이 제안하였다.

$$RQD = 115 - 3.3 \ J_v \tag{7.1}$$

여기서, J_v는 절리군별 단위길이당 절리의 수의 합으로 계산되며 '체적절리계수'라고 한다. RQD는 방향에 의존하는 지수로서 시추공의 방향에 따라 값이 크게 달라질 수 있다. 방향에 따른 의존성을 줄이려면 체적절리계수를 사용하면 편리하다. RQD는 현지 암반의 품질을 표현하는 것을 목적으로 한다. 시추과정에서 발생한 균열이 RQD 값을 결정할 때 고려되지 않도록 주의해야 한다. 노출된 암반면에서 Palmström 관계식을 적용할 때 발파로 유도된 균열은 체적절리계수에 포함시키지 않는다. RQD는 뒤에 나오는 RMR과 Q-system의 분류법에도 활용되는 중요한 암반 평가 항목이다.

7.5 RSR

Wickham et al.(1972)은 암반의 상태에 대한 분류와 이에 대한 적절한 지보를 선택할 수 있는 지보량 예측 모델인 RSR(Rock Structure Rating) 개념을 제안하였다. 이 개념은 암반의 암질을 평가하고 적절한 지보법을 선택할 수 있는 정량적 방법을 제시하고 있다. RSR 개념의 도입은 정량적인 분류이며, 여러 가지 변수를 도입하였다는 점에서 의의가 있다.

RSR 개념에서 도입한 암반평가 시스템은 과거 사례조사, 다양한 지질조건에서의 터널지보 결정과 관련된 문헌을 기초로 결정되었다. RSR 개념에서는 터널 굴착 중 암반의 거동에 영향을 미치는 인자들을 세 가지 범주로 분류하였다. 또한, 각각의 범주별 등급을 부여하는 방식으로 암반분류를 수행하게 된다.

- 범주 A(지질): 암반 지질구조의 일반적인 평가

    (1) 암석의 생성기원(화강암, 퇴적암, 변성암)

    (2) 암석의 경도(경암, 중경암, 연암, 파쇄암)

    (3) 지질구조(괴상, 약간의 단층·습곡, 보통 정도의 단층·습곡, 심한 단층·습곡)

- 범주 B(기하학적 요소): 터널 굴진방향에 대한 불연속면 패턴의 영향

    (1) 절리간격

    (2) 절리 방향성(주향 및 경사)

    (3) 터널 굴진방향

- 범주 C(지하수 및 절리): 지하수 유입 및 절리 상태

    (1) 범주 A 및 B가 복합적으로 고려된 전반적인 암질상태

    (2) 절리상태(양호, 보통, 불량)

    (3) 출수량(터널길이 1,000 ft당 1분간의 출수량을 갤런(gallon) 단위로 측정)

이 변수들에 할당된 점수체계시스템은 표 7.5~7.7에 제시되어 있다.

표 7.5 RSR 범주 A: 일반적인 지질조건

	기본 암반 종류				지질구조			
	경암	중경암	연암	파쇄암	괴상	약간의 단층 혹은 습곡작용	보통 정도의 단층 혹은 습곡작용	심한 단층 혹은 습곡작용
화성암	1	2	3	4				
변성암	1	2	3	4				
퇴적암	2	3	4	4				
종류 1					30	22	15	9
종류 2					27	20	13	8
종류 3					24	18	12	7
종류 4					19	15	10	6

표 7.6 RSR 범주 B: 절리형태, 굴진방향

평균 절리간격	주향 ⊥ 굴진방향					주향 ‖ 굴진방향		
	굴진방향					굴진방향		
	양쪽	경사방향		경사반대 방향		양쪽		
	주요절리의 경사*					주요절리의 경사*		
	수평	경사짐	수직	경사짐	수직	수평	경사짐	수직
1. 매우 조밀 < 2 in	9	11	13	10	12	9	9	7
2. 조밀, 2~6 in	13	16	19	15	17	14	14	11
3. 보통, 6~12 in	23	24	28	19	22	23	23	19
4. 보통 내지 블록상 1~2 ft	30	32	36	25	28	30	28	24
5. 블록상 내지 괴상 2~4 ft	36	38	40	33	35	36	34	28
6. 괴상 > 4 ft	40	43	45	37	40	40	38	34

*경사 : 수평: 0~20도; 경사짐: 20~50도; 수직: 50~90도

표 7.7 RSR 범주 C: 지하수 및 절리상태

예상 출수량 (gpm/1000 ft)	A+B					
	13–44			45–75		
	절리상태**					
	양호	보통	불량	양호	보통	불량
출수 없음	22	18	12	25	22	18
소량 < 200 gpm	19	15	9	23	19	14
보통 < 200~1,000 gpm	15	11	7	21	16	12
다량 > 1,000 gpm	10	8	6	18	14	10

**절리 상태 : 양호 = 밀착 혹은 고결됨; 보통 = 약간 풍화되거나 변질됨; 불량 = 심하게 풍화되거나 변질 혹은 벌어짐

범주 B에서 절리방향에 대한 터널굴진방향의 평가는 그림 7.4와 같다. TBM(Tunnel Boring Machine)을 이용한 굴착의 경우는 천공발파 굴착의 경우보다 터널 주변부의 손상권이 감소하여 상대적으로 작은 지보량이 필요하며, 그림 7.5와 같이 RSR값을 조정할 수 있다.

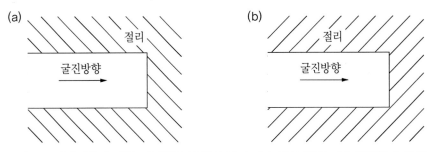

그림 7.4 절리방향에 대한 터널굴진 방향의 평가: (a) 경사 방향, (b) 경사반대 방향

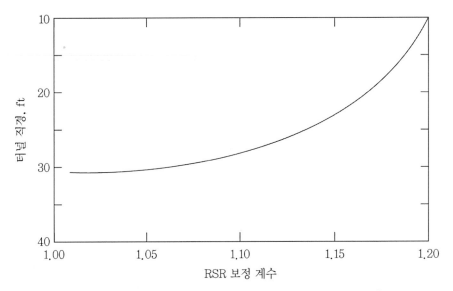

그림 7.5 TBM 굴착에 대한 RSR 보정(Wickham et al., 1972)

7.6 RMR

RMR(Rock Mass Rating)은 Bieniawski(1973)에 의해서 제안된 암반분류시스템으로서 국제적으로 가장 많이 활용되고 있는 방법이다. 이 방법은 현장에 적용되면서 여러 차례 개정되었다. RMR 방법은 다음의 6개 분류항목을 통해 암반의 상태를 평가한다. 무결암의 강도, RQD, 불연속면의 간격, 불연속면의 상태, 지하수의 상태, 불연속면의 방향 등에 대하여 평점을 부여하고 전체 평점의 합계 점수를 통해 암반의 상태를 정량적으로 평가하게 된다.

RMR 분류시스템은 표 7.8에 제시되어 있다. 표 7.8의 A항은 위 6개의 항목에서 불연속면의 방향을 제외한 5개의 항목에 대한 평점을 나타낸다. 각 항목마다 가중치를 다르게 설정하여 중요도에 따른 차이를 고려하였으며, 기준에 따라 정해진 평점을 부여할 수 있도록 가이드라인을 제시하고 있다. 그림 7.6의 Chart A부터 Chart E까지를 이용하면 각 항목의 평점을 보다 세분화하여 연속적인 행태로 결정할 수 있다. Chart D는 불연속면 간격과 RQD 중하나의 자료만이 존재할 때 활용할 수 있는 방안을 제시하고 있다.

RMR은 0점에서 100점 사이에서 정해지며, 높은 점수일수록 암반 상태가 좋음을 의미한다. 표 7.8의 A항에 근거하여 각 항목의 평점이 결정되는데, 이때 최악의 조건이 아닌 대표적인 조건으로 평가해야 함을 유의해야 한다. 특히 절리간격에 대한 평점계산은 불연속면군이 3개 이상 형성된 암반에 적용되어야 하며, 2개의 불연속면군만이 존재하는 경우 안정측의 계산값이 얻어진다.

표 7.8 RMR 분류표

A. RMR 변수 및 평점

변수			평점범위						
1	무결암의 강도	섬하중 강도지수	> 10 MPa	4~10 MPa	2~4 MPa	1~2 MPa	이 범위에서는 일축압축강도 시험이 필요함		
		일축압축 강도	> 250 MPa	100~250 MPa	50~100 MPa	20~50 MPa	5~25 MPa	1~5 MPa	<1 MPa
	평점		15	12	7	4	2	1	0
2	RQD		90~100%	75~90%	50~75%	25~50%	< 25%		
	평점		20	17	13	8	3		
3	절리간격		> 2 m	0.6~2 m	200~600 mm	60~200 mm	< 60 mm		
	평점		20	15	10	8	5		
4	절리상태		매우 거침 연속성이 없음 벌어짐이 없음 절리면이 풍화되지 않음	약간 거침 분리틈새 <1 mm 절리면이 약간 풍화	약간 거침 분리틈새 <1 mm 절리면이 심하게 풍화	매끄러운 면 또는 충진물 <5 mm 두께 또는 분리틈새 1~5 mm 연속적인 절리면	연약한 충진물 > 5 mm 두께 또는 분리틈새 > 5 mm 연속적인 절리면		
	평점		30	25	20	10	0		

변수		평점범위								
5	지하수	터널길이 10 m당 출수량	또는	없음	또는	<10 리터/분	또는	10~25 리터/분	또는	25~125 리터/분	또는	> 125
		비 ($\frac{절리수압}{최대주응력}$)	또는	0	또는	0.0~0.1	또는	0.1~0.2	또는	0.2~0.5	또는	> 0.5
		일반상태		완전 건조		습기		젖은 상태		물방울이 떨어짐		흘러내림
		평점		15		10		7		4		0

B. 불연속면의 방향에 따른 평점보정

절리의 주향과 경사		매우 유리	유리	보통	불리	매우 불리
평점	터널	0	−2	−5	−10	−12
	기초	0	−2	−7	−15	−25
	사면	0	−5	−25	−50	−60

C. 분류평점 합계에 의한 암반등급

평점 합계	100~80	80~61	60~41	40~21	<20
일반 등급	I	II	III	IV	V
암반 상태	매우 양호	양호	보통	불량	매우 불량

D. 암반등급의 의미

일반 등급	I	II	III	IV	V
평균 자립시간	15 m 폭으로 20년	10 m 폭으로 1년	5 m 폭으로 1주일	2.5 m 폭으로 10시간	1 m 폭으로 30분
암반의 점착력	> 400 kPa	300~400 kPa	200~300 kPa	100~200 kPa	< 100 kPa
암반의 마찰각	< 45°	35~45°	25~35°	15~25°	< 15°

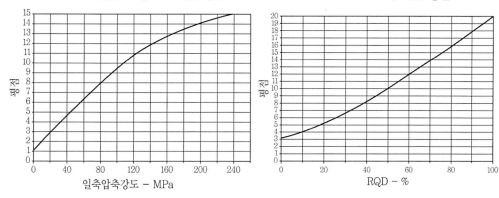

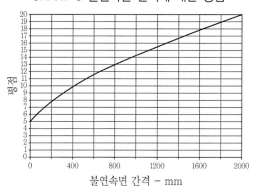

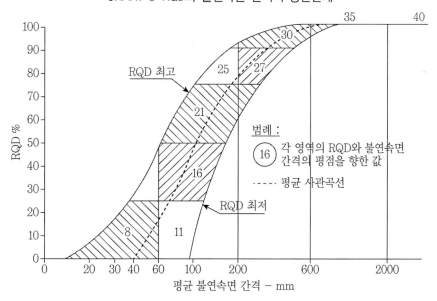

그림 7.6 RMR 분류변수에 대한 점수할당(Bieniawski, 1989)

CHART E 불연속면 상태의 분류를 위한 지침ᵃ

변수	평점				
불연속면 길이	<1 m 6	1~3 m 4	3~10 m 2	10~20 m 1	>20 m 0
틈새	없음 6	<0.1 mm 5	0.1~1.0 mm 4	1~5 mm 1	>5 mm 0
거칠기	매우 거침 6	거침 5	약간 거침 3	매끄러움 1	미끄러움 0
충전물	단단한 충전물			부드러운 충전물	
충전물	없음 6	<5 mm 4	>5 mm 2	<5 mm 2	>5 mm 0
풍화강도	풍화되지 않음 6	약간 풍화 5	다소 풍화 3	심하게 풍화 1	부서짐 0

a. 어떤 상태는 상호 배타적이다. 예를 들어 충전물이 존재할 경우 충전물의 영향이 거칠기의 영향을 무시할 수 있을 정도로 큰 경우가 있다. 이러한 경우는 표 7.8을 직접 이용해야 한다.

그림 7.6 RMR 분류변수에 대한 점수할당(Bieniawski, 1989) (계속)

RMR은 0점에서 100점 사이에서 정해지며, 높은 점수일수록 암반 상태가 좋음을 의미한다. 표 7.8의 A항에 근거하여 각 항목의 평점이 결정되는데, 이때 최악의 조건이 아닌 대표적인 조건으로 평가해야 함을 유의해야 한다. 특히 절리간격에 대한 평점계산은 불연속면군이 3개 이상 형성된 암반에 적용되어야 하며, 2개의 불연속면군만이 존재하는 경우 안정측의 계산값이 얻어진다.

표 7.8 A항에 열거된 5개의 항목들에 대한 평점을 합하여 암반에 대한 기본 평점이 결정되면, 표 7.7 B항에서 방향성에 대한 보정을 하게 되는데, 이때 표 7.9를 이용하면 된다.

표 7.9 터널굴착 시 불연속면의 주향과 경사방향의 영향

주향이 터널의 축방향에 수직			
경사 방향으로 굴착		경사 반대방향으로 굴착	
경사 45~90°	경사 20~45°	경사 45~90°	경사 20~45°
매우 유리	유리	보통	불리
주향이 터널축과 평행		주향과 무관한 경우	
경사 20~45°	경사 45~90°	경사 0~20°	
보통	매우 불리	보통	

불연속면 방향에 대한 보정 후, 보정된 암반평점(RMR값)에 따라 표 7.8의 C항에서 암반을 5가지 등급으로 분류한다. 표 7.8의 D항은 특별한 공학적인 문제와 관련하여 각 암반등급의 실제적인 의미를 부여한다.

RMR 분류법은 1976년에 발표된 이래 지금까지 터널의 지보 설계에 널리 적용되어 오고 있는 방법이다.

그림 7.7은 특정 암반에서 터널의 폭에 따라 무지보 자립여부 및 자립시간을 나타낸 것이다. 예를 들어 RMR = 40인 암반의 경우, 최대 유지 가능 폭은 8 m이며, 8~1.6 m는 지보를 시공할 경우 유지 가능하고 1.6 m 이하는 무지보로 유지 가능하다.

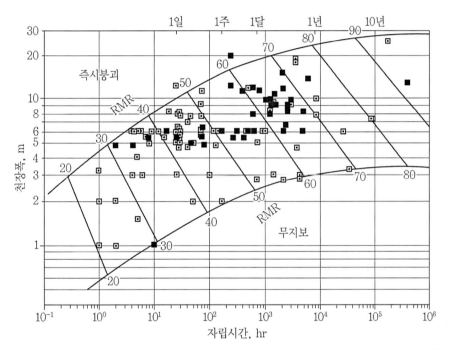

그림 7.7 RMR 분류값에 의한 터널 폭과 자립시간과의 관계(검은 사각형은 채광, 빈 사각형은 터널 굴착 사례의 결과. 실선의 곡선은 즉시 붕괴-지보 필요-무지보 간의 적용 한계이다. Bieniawski, 1976)

표 7.10은 터널의 유지를 위해서 지보의 시공이 필요한 경우, 폭 10 m의 터널에서 RMR 값에 따른 지보의 수준을 제시한 것이다. 예를 들어 RMR = 59인 경우를 고려해 보면, 이 암반은 보통 및 양호의 경계에 해당하는 값을 나타내므로 굴진 초기에는 안정적으로 보통의

암반에 해당하는 지보 수준을 유지하다가 작업의 상태를 보아 암반 거동에 문제가 발견되지 않으면 점차 지보의 수준을 양호한 암반의 수준으로 낮추는 것이 바람직하다. 이 경우 암반의 안정성은 계측 결과에 따라 결정될 수 있다.

표 7.10 RMR 분류치에 의한 암반 터널의 굴착 및 지보 수준(터널 형상: 말발굽형; 터널 폭; 10 m ; 수직응력: 25 MPa 이하; 굴착방법: 천공발파)

암반 등급	굴착 형태	지보		
		록볼트 (20 mm 지름의 전면 접착형)	숏크리트	철재 지보
1. 매우 양호한 암반 RMR: 81~100	전단면: 3 m 굴진	경우에 따라 국부적으로 록볼트 설치 이외의 지보 설치는 일반적으로 불필요		
2. 양호한 암반 RMR: 61~80	전단면: 1.0~1.5 m 굴진; 막장 20 m 후방까지 완전한 지보	천장부에 길이 3 m, 간격 2.5 m 록볼트를 설치, 경우에 따라 와이어메쉬도 함께 설치	천장부의 필요한 곳에 50 mm 두께로 타설	불필요
3. 보통의 암반 RMR: 41~60	계단식(top heading & bench): 상단면이 1.5~3 m씩 굴진; 발파직 후 지보 설치 시작; 막장에서 10 m 후방까지 완전한 지보	길이 4 m, 간격 1.5~2 m의 록볼트를 천장부 및 측벽에 체계적으로 설치, 천장부는 와이어메쉬 설치	천장부에 50~100 mm 두께, 측벽부에 30 mm 두께로 타설	
4. 불량한 암반 RMR: 21~40	계단식: 상단면이 1.0~1.5 m씩 굴진 ; 굴착과 동시에 지보설치-막장 10 m 후방	길이 4~5 m, 간격 1~1.5 m의 록볼트를 와이어메쉬와 함께 천장부 및 측벽부에 체계적으로 설치	천장부에 100~150 mm 두께. 측벽부에 100 mm 두께로 타설	필요한 곳에 1.5 m 간격의 소형 철재 지보 설치
5. 매우 불량한 암반 RMR: < 20	복수터널을 이용한 굴착: 상단면이 0.5~1.0 m씩 굴진; 굴착과 동시에 지보설치; 발파 후 가능한 빨리 숏크리트 타설	길이 5~6 m, 간격 1~1.5 m의 록볼트를 와이어메쉬와 함께 천장부 및 측벽부에 체계적으로 설치. 인버트에도 볼트 설치	천장부에 100~200 mm 두께. 측벽부에 150 mm 두께, 막장면에 50 mm 두께로 타설	0.76 m 간격의 중형 또는 대형 철재 지보를 철재살창 (lagging)과 함께 설치. 필요하다면 포어폴(forepole) 설치. 인버트 폐합

RMR 분류 결과를 이용하여 지보가 지지하여야 하는 하중, P는 다음의 식 (7.2)로 계산할 수 있다(Unal, 1983).

$$P = \frac{100 - RMR}{100} \gamma B = \gamma h_t \qquad (7.2)$$

여기서, B: 터널 폭(m)

h_t: 암반 하중의 높이(m)

γ: 암반의 밀도(kg/m^3)

RMR 분류법은 토목 터널의 사례를 자료로 하여 만들어졌으며, 이후 Laubscher et al. (1976)은 이를 광산에 적용할 수 있는 MRMR로 수정 발표하였으며, Cummings et al.(1982) 과 Kendorski et al.(1983)은 미국의 블록 케이빙 광산에 적용할 수 있는 MBR로 수정하였다. 이와 관련된 문제들은 참고문헌을 참조하기 바란다.

7.7 Q-시스템

Q-시스템은 RMR과 함께 가장 많이 사용되는 암반분류법으로 1974년 노르웨이 지반공학 연구소(NGI)의 Barton 등에 의해 개발되었다. Q시스템은 스칸디나비아의 약 200개의 터널 에 대한 사례연구를 기초로 하여 제안되었으며, 터널지보설계가 가능한 공학적 분류시스템이 다. RMR이 0~100점 사이에서 결정되는 반면에, Q-시스템은 로그스케일(log scale)로 0.001부터 1,000까지 값의 범위를 갖는다. Q-시스템은 6개의 항목을 이용하여 암반의 암질 을 정량적인 수치로 평가한다. 6개 항목은 RQD, 절리군의 수, 가장 불리한 절리 또는 불연속 면의 거칠기, 가장 약한 절리의 변질 또는 충진 정도, 출수, 응력조건이다. 위의 6개 항목들을 3개의 그룹으로 나누어 종합적인 암질지수인 Q값을 다음과 같이 계산할 수 있다.

$$Q = \frac{RQD}{J_n} \times \frac{J_r}{J_a} \times \frac{J_w}{SRF} \qquad (7.3)$$

여기서 RQD: 암질지수

J_n: 절리군 개수

J_r: 절리면 거칠기

J_a: 절리면 변질

J_w: 절리면 지하수 저감

SRF: 응력 저감 계수

Barton 등(1974)은 Q값의 계산에 사용되는 변수들에 대한 의미를 다음과 같이 설명하였다.

1) 첫 번째 지수(RQD/J_n)는 암반의 전체적인 구조를 대표하는 지수로서 암반 블록의 상대적 크기를 나타낸다.

2) 두 번째 지수(J_r/J_a)는 절리면의 전단특성, 즉 절리면의 거칠기 및 충진물에 의한 마찰특성이 고려되어진 지수이다.

3) 세 번째 지수(J_w/SRF)는 굴착에 따른 응력변화와 절리면에 작용하는 지하수압에 의한 유효응력 감소와 관련된 지수이다. 이 지수는 '활동 응력(active stress)'을 설명하는 데 사용된다.

Q-시스템에는 불연속면의 방향에 대한 직접적인 평가지수가 포함되어 있지 않다. 불연속면의 방향에 대한 중요성은 RMR에서도 보정점수로서 고려되고 있지만, Q-시스템에서는 J_n, J_r, J_a 등의 영향이 특정 불연속면의 방향성보다 중요도가 더 크다고 간주하고 있다. 다만, J_n, J_r, J_a 등을 평가할 때, 가장 불리한 방향의 불연속면에 적용함으로써 방향성을 직접적으로 고려하지 않는 부분에 대한 보완이 가능하다.

표 7.11은 각각의 항목들에 할당된 수치를 설명하고 있다. 항목 J_r, J_a가 가장 불리한 절리에 대해서 측정되기 때문에 절리 방향성의 영향이 이들 항목에 내포되어 있음에 유의하여야 한다.

표 7.11 Q-시스템의 분류 평점

1. 변수 RQD에 대한 설명 및 평점

RQD	(RQD, %)
A. 매우 불량	0~25
B. 불량	25~50
C. 보통	50~75
D. 양호	75~90
E. 매우 양호	90~100

주 :
{ i } RQD 값이 0을 포함한 10 이하일 때는 10으로 간주하여 Q값을 산정한다.
{ii} RQD 값은 100, 95, 90 등과 같이 5단위 간격의 수치를 사용하여도 충분히 정확하다.

2. 변수 J_n에 대한 설명 및 평점

절리군 수에 관련된 변수	(J_n)
A. 괴상, 절리가 없거나 극소수	0.5~1.0
B. 1개 절리군	2
C. 1개 절리군 + 산발적인 절리	3
D. 2개 절리군	4
E. 2개 절리군 + 산발적인 절리	6
F. 3개 절리군	9
G. 3개 절리군 + 산발적인 절리	12
H. 4개 이상의 절리군, 산발적인 절리, 심하게 절 리가 발달된 상태. '각설탕' 형태 등	15
J. 심하게 파쇄된 암반, 흙같은 암반	20

주:
{ i } 터널교차 지점에 적용하는 경우 $(3.0 \times J_n)$을 사용
{ii} 터널 입구에 적용하는 경우 $(2.0 \times J_n)$을 사용

3. 변수 J_r에 대한 설명 및 평점

절리면 거칠기에 관련된 변수	(J_r)
a) 절리 벽면의 접촉 b) 10 cm 전단까지 절리 벽면의 접촉	
A. 불연속적 절리	4
B. 거칠거나, 불규칙하고, 기복상(undulating)	3
C. 매끄럽고, 기복상	2
D. 전단마찰면(미끄러움), 기복상	1.5
E. 매끄럽고 평탄함	1.0
F. 전단마찰면(미끄러움), 평탄함	0.5

주:
{ i } 설명은 소규모의 특징과 중간규모의 특징에 대해 순서적으로 언급한 것임

c) 전단되었을 때 절리면이 접촉되지 않음	
H. 점토광물의 충전두께가 절리 벽면의 접촉을 방해할 정도	1.0
J. 모래, 자갈, 파쇄대의 두께가 벽면의 접촉을 방해하는 정도	1.0

주:

{i} 해당 절리군의 평균간격이 3 cm 이상이면 1.0을 더한다.

{ii} 평탄하고 미끄러운 절리에 선구조(lineation)가 최소강도 방향으로 발달된 경우, (J_r)은 0.5를 사용할 수 있다.

4. 변수 J_a에 대한 설명 및 평점

절리면의 변질에 관련된 변수	(J_a)	(ϕ_r)
a) 절리 벽면의 접촉		(근삿값)
A. 매우 견고하고 맞물려 있고, 단단하며, 연화되지 않음 불투수성의 충전물 즉, 석영, 녹형석(epidote)	0.75	(−)
B. 절리면이 변질되어 있지 않고, 표면에 얼룩만이 존재	1.0	(25~35°)
C. 절리면이 약간 변질, 비연화광물의 피복, 사질입자, 점토를 포함하지 않은 파쇄암석 등	2.0	(25~30°)
D. 실트질 혹은 사질 점토의 피복, 소량의 점토(비연화성)	3.0	(20~25°)
E. 연화성 혹은 마찰력이 작은 점토성 광물의 피복(고형토, 운모, 형석, 활석, 석고, 흑연 및 소량의 팽창성 점토)	4.0	(8~16°)
b) 10 cm 전단까지 절리 벽면의 접촉		
F. 사질입자, 점토를 포함하지 않는 파쇄암석 등	4.0	(25~30°)
G. 심하게 과압밀된 연화성 점토광물의 충진(연속적이나 두께가 5 mm 미만)	6.0	(16~24°)
H. 중간 혹은 약하게 과압밀된 연화성 점토광물의 충전(연속적이나 두께가 5 mm 미만)	8.0	(12~16°)
J. 팽창성 점토(몬모릴로나이트)의 충진(연속적이나 두께가 5 mm 미만). J_a의 값은 팽창성 점토입자의 함유량과 수분의 유무에 따라 변함	8~12	(6~12°)
c) 전단되었을 때 절리면이 접촉되지 않음.		
K. 파식 또는 심한 파쇄암석과 점토의 혼합대(점토에 대한 설명은 G, H, J 항을 참조)	6.8 또는 8~12	(6~24°)
L. 실트질 혹은 사질 점토대, 소량의 점토(비연화성)	5.0	(−)
M. 두껍고 연속적인 점토대(점토의 상태에 대한 설명은 G, H, J 항을 참조)	10.13 또는 13~20	(6~24°)

5. 변수 J_w에 대한 설명 및 평점

지하수에 관련된 변수	(J_w)	(kg/cm^2)
A. 건조 혹은 소량의 출수, 즉 국부적으로(< 5리터/분)		<1
B. 보통정도의 출수와 수압, 경우에 따라 충전물 유실	1.0	1~2.5
C. 절리내 충전물이 없는 견고한 암반에서 대량의 출수 또는 높은 수압	0.66	2.5~10
D. 대량의 출수 또는 높은 수압, 절리충전물의 상당한 유실	0.5	2.5~10
E. 발파 시 과도한 출수 또는 과도한 수압, 시간에 따라 감소함.	0.3	>10
F. 발파 시 과도한 출수 또는 과도한 수압. 시간에 따라 눈에 띄게 감소하지 않음	0.2~0.1 0.1~0.05	>10

주:
{ i } 항목 C–F는 대략정 추정이다.
　　배수시설이 설치된 경우 J_w를 증가시켜야 한다.
{ii} 결빙에 관련된 특수한 경우는 고려되지 않았다.

6. 변수 SRF에 대한 설명 및 평점

응력에 관련된 변수	(SRF)
a) 터널이 굴착될 때 암반의 이완을 발생시킬 가능성이 있는 연약대가 터널을 교차	
A. 점토나 화학적으로 풍화된 암석을 포함하는 연약대가 자주 나타남. 주변 암반은 매우 이완됨 (임의의 심도)	10
B. 점토나 화학적으로 풍화된 암석을 포함하는 단일 연약대(굴착심도≤50 m)	5
C. 점토나 화학적으로 풍화된 암석을 포함하는 단일 연약대(굴착심도≤50 m)	2.5
D. 견고한 암반에 점토가 없는 다수의 전단대. 주변암반은 이완됨(임의의 심도).	7.5
E. 견고한 암반에 점토가 없는 단일 전단대(굴착심도≤50 m)	5.0
F. 견고한 암반에 점토가 없는 단일 전단대(굴착심도>50 m)	2.5
G. 느슨하게 벌어진 절리, 심하게 발달된 절리 또는 각설탕 형태(임의의 심도)	5.0

주:
{ i } 해당 전단대가 터널을 교차하지 않고 단지 영향만 미치면 SRF를 25~50% 감소시킨다.

b) 견고한 암반, 암반내 응력크기의 문제	σ_c/σ_1	σ_θ/σ_c	(SRF)
H. 낮은 응력, 지표부근	>200	<0.01	2.5
J. 중간 정도의 응력, 유리한 응력조건	200~10	0.01~0.3	1.0
K. 높은 응력, 매우 치밀한 구조(통상 안정성에 유리, 측벽의 안정성에 불리할 수도 있음)	10~5	0.3~0.4	0.5~2
L. 괴상암반이며 1시간 이후 정도부터 슬랩형상이 어느정도 발생	5~3	0.5~0.65	5~50
M. 괴상암반이며 수분 후 슬랩현상이나 록버스트가 발생	3~2	0.65~1	5~200
N. 괴상암반이며 록버스트가 심하고 즉시 동적 변형이 발생	<2	>1	200~400

주:
{ii} 초기응력장의 이방성이 매우 심한 경우(측정된 경우): $5 \le \sigma_1/\sigma_3 \le 10$일 때, σ_c를 $0.75\sigma_c$로 줄인다. $\sigma_1/\sigma_3 \le 10$인 경우, σ_c를 $0.5\sigma_c$로 줄인다. 여기서 σ_c=단축압축강도, σ_1와 σ_3은 각각 최대 및 최소 주응력, σ_s는 최대 접선응력(탄성이론으로부터 추정)이다.
{iii} 지표로부터 터널 천장부까지의 심도가 터널폭보다 작은 경우에 대한 사례는 아주 적다. 이러한 경우 SRF를 2.5에서 5로 증가시킨다.

c) 압착성 암반: 높은 응력조건의 견고하지 못한 암반의 소성변형	σ_s/σ_c	(SRF)
O. 낮은 압착압력	1~5	5~10
P. 높은 압착압력	>5	10~20

주:
{iv} 압착성 암반의 경우는 심도 $H > 350Q^{1/3}$(sigh 등, 1992)일 때 발생할 수 있다. 암반의 압축강도는 $q = 0.7\gamma Q^{1/3}$(MPa)를 이용하여 추정할 수 있고, 여기서 γ=암반의 단위중량(kN/m³)이다(singh, 1993.)

d) 팽창성 암반: 화학적 팽창작용은 지하수의 존재 여부에 달려있다.	
R. 낮은 팽압압력	5~10
S. 높은 팽압압력	10~15

1. 시추코어를 이용할 수 없는 경우, 각각의 절리군에 대한 단위미터당 절리의 수를 합한 것으로 표시되는 단위 체적당 절리의 수로 암질지수(RQD)의 판정이 가능하다. 점토가 없는 암반의 경우 단위체적당 절리수를 이용하여 다음과 같은 간단한 관계식으로부터 RQD를 산정한다.

   RQD = 115 - 3.3J_v(대략적)

   여기서 J_v=단위체적(m^3)당 절리수(J_v<4.5인 경우 RQD = 100)

2. 절리군의 수에 관련된 변수 J_n은 엽리, 편리, 슬레이트형 벽개 및 층리 등의 영향을 받는다. 이들이 매우 뚜렷하게 발달한 경우에는 이 역시 완전한 절리군으로 간주되어져야 한다. 그렇지만 '절리'가 거의 보이지 않거나, 이들의 영향으로 코어에 간헐적으로 파손이 있는 경우에는 이들을 J_n 산정 시 산발적인 절리(random joints)로 판정하는 것이 타당하다.

3. 전단강도와 관련되는 변수 J_r, J_a는 주어진 해당 지역 내에서 가장 연약한 절리군 혹은 점토로 충전된 불연속면에서 판정해야 한다. 그러나 J_r/J_a 값이 가장 낮은 절리군이나 불연속면이 안정성에 유리한 방향성을 갖는 경우, (J_r/J_a) 값은 이보다 높으나 발달 방향이 안정도에 불리한 다음 절리군이 더욱 중요한 영향을 미친다. 이때에는 후자의 절리군에 해당하는 (J_r/J_a)를 Q산정에 이용해야 한다. (J_r/J_a) 값은 파괴가 일어날 소지가 큰 절리군이나 불연속면을 대상으로 평가하여야 한다.

4. 암반에 점토성분이 포함되어 있는 경우, 이완하중과 관련된 SRF가 평가되어야 한다. 이러한 경우 무결암의 강도는 중요하지 않다. 그러나 절리의 발달이 미미하고 최소화 되고 점토성분이 완전히 존재하지 않은 경우에는 무결암 강도가 사용되어야 하며, 이때 안정성은(암반응력/무결암강도)의 비에 좌우된다.

5. 무결암의 압축강도와 인장강도(σ_c, σ_t)는 현재의 원위치 암반상태가 지하수 영향을 받고 있거나 앞으로 그러한 가능성이 있는 경우에는 포화상태에서 측정하여야 한다. 무결암 강도는 습윤 또는 포화상태에서의 약화를 감안하여 안전측으로 측정해야 한다.

터널의 등가크기(equivalent dimension)를 결정함으로써 Q값에 의한 터널 지보량을 계산할 수 있다. 터널의 등가크기는 규모와 용도의 함수로서 굴착폭, 직경 또는 벽면높이를 굴착지보비(Excavation Support Ratio, ESR)로 나누어 구할 수 있다. 이를 식으로 나타내면 다음과 같다.

$$등가크기 = \frac{굴착폭, 직경\ 또는\ 높이\,(m)}{ESR} \qquad (7.4)$$

ESR은 굴착목적과 안정성 요구 정도에 따라 표 7.12와 같이 주어진다.

표 7.12 굴착용도에 따른 ESR

굴착용도	ESR
A. 임시적인 광산터널	2~5
B. 영구적 광산터널, 수력발전소 도수터널(양수발전소의 고압 수압관터널 제외), 선진터널, 수평갱도, 대형 공동외 수평갱도와 상단터널(heading), 조압수조(surge chamber)	1.6~2.0
C. 저장공동, 수처리공장, 소규모 도로 및 철도 터널, 진입터널(access tunnel)	1.2~1.3
D. 발전소 대규모 고속도로 또는 철도 터널, 민방위용 공동, 출입구, 터널교차부	0.9~1.1
E. 지하 핵 발전소, 철도역, 스포츠나 공공시설, 공장, 대규모 가스파이프라인 터널	0.5~0.8

Q-시스템은 RMR 분류법과 비교할 때 터널의 폭으로 굴착지보비(ESR)를 고려한 유효크기를 적용한다는 점과 RMR에서 고려되지 않은 응력에 관련된 변수(SRF)가 고려되었다는 점에서 차이가 나며, 산정 요소에서도 불연속면에 대한 자료가 주종을 이루고 있다는 점에서 절리 암반에 비교적 적용성이 높은 것으로 평가되고 있다. 그림 7.8은 터널의 유효크기와 대상 암반의 Q값에 따른 영역별 지보 패턴을 나타낸 것이다.

Q-시스템을 이용한 록 볼트의 길이, 최대 무지보 폭 그리고 영구 천반 지보하중 산정식들은 다음 식 (7.5), (7.6) 및 (7.7)로 추정할 수 있다.

$$\text{볼트 길이, } L = \frac{2 + 0.15\,B}{ESR} \tag{7.5}$$

$$\text{최대 무지보 폭} = 2 \times ESR \times Q^{0.4} \tag{7.6}$$

$$\text{영구 천반 지보하중, } P_{roof} = \frac{2\,\sqrt{J_n}\;Q^{-1/3}}{3\,J_r} \tag{7.7}$$

그림 7.8에서 볼 수 있듯이 최근의 Q-시스템에 의한 숏크리트 지보의 추천은 강섬유 보강 숏크리트(Steel Fiber Reinforced Shotcrete)가 포함되어 있음을 알 수 있다. 이와 같이 경험적 설계 방법에 사용되고 있는 암반 분류법들은 완성된 것이라고 할 수 없으며, 계속적으로 보완되어 가고 있으므로 엔지니어들은 가장 최근의 분류법을 참고하여야 할 것이며, 지보량의 추정에는 RMR이나 Q-시스템을 복수로 적용하여 종합적으로 판단하는 것이 좋다.

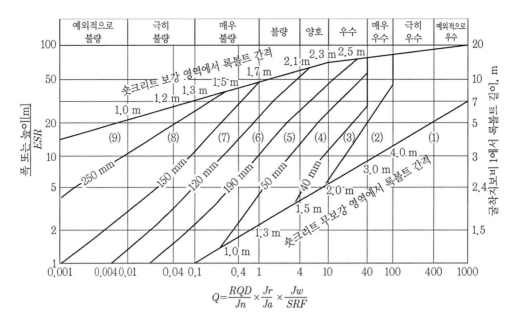

그림 7.8 터널의 유효크기와 Q값에 따른 영역별 지보 패턴(Grimstad and Barton, 1993)

보강 카테고리(범주)

1) 무지보
2) 록볼트
3) 시스템 록볼트
4) 시스템 록볼트와 40~100 mm의 무보강 숏크리트
5) 강섬유보강 숏크리트, 50~90 mm, 록볼트
6) 강섬유보강 숏크리트, 90~120 mm, 록볼트
7) 강섬유보강 숏크리트, 120~150 mm, 록볼트
8) 강섬유보강 숏크리트, >150 mm, 강지보재(Steel ribs, Lattice Girder 등), 록볼트
9) 콘크리트 라이닝

7.8 기타 분류법

Hoek-Brown의 암석 및 암반의 강도를 추정하는 경험식은 일반적으로 다음과 같이 쓸 수 있다.

$$\sigma_1 = \sigma_3 + \sigma_c\left(m\frac{\sigma_3}{\sigma_c} + s\right)^a \tag{7.8}$$

이 식에서 상수 m, s, a는 어떠한 방법에 의해서든 결정되어야 하는 값들이며, 이들의 값은 무결암과 절리암반의 경우 큰 차이를 보인다. 이들 상수를 결정하기 위한 방법으로 1988년 Hoek and Brown은 완전 건조상태의 절리방향성이 유리한 암반에 대하여 1976년 제안된 Bieniawski의 RMR값을 사용할 것을 제안하였다. 그러나 풍화가 심하거나 절리의 발달이 심한 암반의 경우 RMR 값은 정확하지 않으므로, 암질이 나쁜 암반을 보다 정확하고 정량적으로 평가할 수 있는 방법이 필요하게 되었다. 이러한 문제를 해결하기 위한 방법으로 지질강도지수(Geological Strength Index, GSI)의 개념이 도입되었다. GSI의 값은 다음의 방법으로 결정할 수 있다.

Bieniawski의 1976년 RMR 분류를 사용할 경우

$\quad$ RMR$'_{76}$ > 18일 때, GSI = RMR$'_{76}$

$\quad$ RMR$'_{76}$ < 18일 때, Q값을 사용

Bieniawski의 1989년 RMR 분류를 사용할 경우

$\quad$ RMR$'_{89}$ > 23일 때, GSI = RMR$'_{89}$ - 5

$\quad$ RMR$'_{89}$ < 23일 때, Q값을 사용

위의 관계에서 Bieniawski의 1976년 RMR값과 1989년 RMR값을 사용할 때 5의 차이가 발생하는 점에 유의하여야 하는데, 이는 절리의 상태와 지하수상태에 대한 점수배당이 수정되었기 때문이다. 즉 1976년 분류에 의하면 절리상태 25점, 지하수상태 20점으로 배당되었으나 1989년 분류에서는 절리상태 30점, 지하수상태 15점으로 수정되었다. 위의 관계는 완전히 건조한 상태를 가정하므로 지하수상태에서 5점의 차이가 발생하게 된다.

완전 건조상태와 중간 응력상태를 가정하면 Q-시스템에서 J_w와 SRF가 1이 되는 수정 분류체계인 Q'-시스템을 얻을 수 있다. 이 경우 Q'값과 GSI값은 다음의 식으로 구할 수 있다.

$$Q' = \frac{RQD}{J_n} \times \frac{J_r}{J_a} \qquad (7.9)$$

$$GSI = 9\ln Q' + 44 \qquad (7.10)$$

GSI의 값은 암질이 극히 불량한 암반의 경우 10을 갖게 되며 무결암의 경우 100이 된다. 결과적으로 Hoek-Brown의 식에서의 상수를 합리적으로 결정하기 위한 새로운 분류체계가 도입되었으며, 원래 의도한 바 GSI를 이용한 Hoek-Brown의 식에서의 상수의 결정은 다음과 같은 방법으로 이루어진다.

GSI > 25인 경우 (불교란 암반)

$$\frac{m_b}{m_i} = \exp\left(\frac{GSI-100}{28}\right)$$

$$s = \exp\left(\frac{GSI-100}{9}\right)$$

$$a = 0.5$$

GSI < 25인 경우 (교란 암반)

$$s = 0$$

$$a = 0.65 - \frac{GSI}{100}$$

여기서 아래 첨자 b는 암반, i는 무결암을 의미한다. 위의 관계를 도시하면 그림 7.9와 같다.

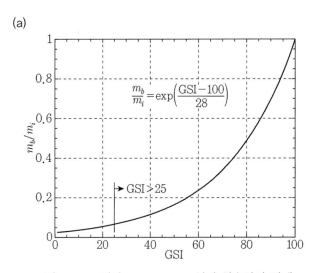

그림 7.9 GSI값과 Hoek-Brown식의 상수와의 관계

(b)

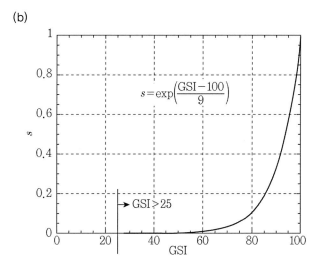

(c)

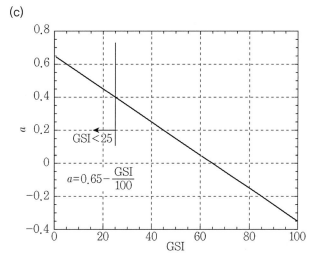

그림 7.9 GSI값과 Hoek–Brown식의 상수와의 관계(계속)

01 시추코어가 아래 그림과 같이 회수되었을 때 RQD를 계산하시오.

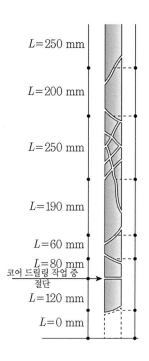

$L=250$ mm

$L=200$ mm

$L=250$ mm

$L=190$ mm

$L=60$ mm

$L=80$ mm
코어 드릴링 작업 중
절단

$L=120$ mm

$L=0$ mm

02 터널이 약간풍화된 화강암(slightly weathered granikte)을 통과하여 진행되고 있으며, 터널 진행방향 반대방향으로 주절리군이 60도의 경사로 형성되어 있다. 점하중강도는 약 8 MPa로 측정되었고, RQD는 70%로 평가되었으며, 절리의 길이는 평균 2 m, 절리상태는 약간 거칠고 약간 풍화되었으며 절리의 간극은 1 mm 이하이고 절리에 충진물은 없고, 절리 사이의 틈새는 평균 300 mm, 굴착면은 젖어 있는 상태(wet)라고 할 때 RMR값을 계산하시오.

03 RMR과 Q 분류법의 평가항목 중 공통항목과 차이가 나는 항목에 대해서 설명하시오.

08

암반사면의 안정

암반사면의 안정

8.1 암반사면의 해석법

암반은 무결암과 불연속면으로 구성되어 있으며, 무결암의 강도는 불연속면의 강도에 비하여 매우 크므로 암반에서의 파괴는 주로 불연속면을 따라서 발생한다. 그러므로 암반 사면의 안정은 불연속면의 특성에 좌우된다. 암반사면의 안정해석법은

   (1) 운동학적 해석(Kinematic analysis)

   (2) 한계평형분석(Limit equibrium analysis)

   (3) 암반분류에 의한 해석

이 있으며, 이들 해석법 이외에도 수치해석에 의한 분석 등 다양한 방법이 존재한다.

운동학적 해석은 사면에 작용하는 힘은 고려하지 않고 지질구조의 방향에 따른 암반의 이동을 분석하는 방법으로 지질구조, 특히 불연속면의 평사투영(Streographic projection)을 이용한다. 사면에 대하여 운동학적 해석을 실시하면 사면의 파괴 가능성, 사면의 파괴형태를 분석할 수 있다. 한계평형해석은 사면의 암반에 작용하는 힘의 평형을 분석하여 사면의 안정성을 구하는 해석으로, 한계평형해석을 실시하면 사면의 안전율(Factor of Safety)을 구할 수 있다. 일반적으로 사면에 대하여 먼저 운동학적 해석을 실시하여 불안전한 사면으로 판정된 경우에 대하여 한계평형해석을 실시한다. 암반분류에 의한 해석은 암반의 상태와 불연속면의 발달관계를 이용하여 해석하는 방법으로, 대표적인 방법은 Romana(1985)가 제안한 사면암반등급(Slope Mass Rating; SMR)이다.

8.2 운동학적 해석

암반 사면에 대하여 운동학적 해석을 실시하면 사면의 파괴 가능성과 사면의 파괴 형태를 분석할 수 있다. 암반 사면의 파괴형태는 그림 8.1과 같이 4가지 형태가 있다.

(1) 원형파괴(circular failure): 암석이 풍화를 심하게 받았거나 불연속면이 매우 심하게 발달되어 있는 경우, 흙 사면에서의 파괴와 유사한 원형의 파괴형태를 보인다. 불연속 면을 평사투영하면 극점의 집중이 보이지 않고 고르게 분포하고 있는 형태를 보인다.

(2) 평면파괴(plane failure): 사면의 주향과 비슷한 주향을 가진 불연속면을 따라 파괴가 발생하는 형태이고, 불연속면을 평사투영하면 사면 대원과 거의 직각인 반대쪽에 불연

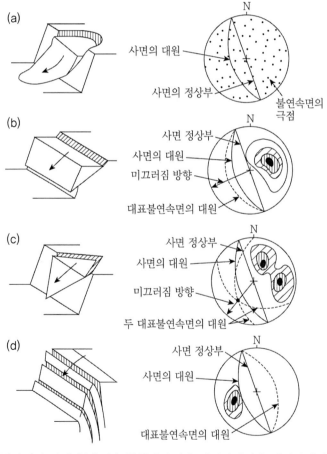

그림 8.1 암반사면의 파괴 형태: (a) 원형파괴, (b) 평면파괴, (c) 쐐기파괴, (d) 전도파괴

속면의 극점이 집중되어 나타난다.

(3) 쐐기파괴(wedge failure): 사면 내에 발달한 두 개의 불연속면의 교차선을 따라 파괴가 발생하는 형태이다. 불연속면을 평사투영하면 사면 대원의 반대쪽에 사면 대원과 경사진 방향으로 두 개의 집중된 극점이 나타난다.

(4) 전도파괴(toppling failure): 사면에 역경사를 보이거나 거의 수직인 불연속면이 전도되어 발생하는 파괴 형태이다. 불연속면을 평사투영하면 사면의 대원이 있는 방향으로 극점의 집중이 나타난다.

8.2.1 평면파괴

평면파괴는 일반적으로 사면에 잘 발생하지는 않는다. 그러나 층리나 편리가 잘 발달한 암반에서는 발생하기도 한다. 평면파괴는 다음의 조건을 만족할 때 발생한다(그림 8.2).

1) 평면파괴의 기하학적 조건

(1) 파괴면의 주향이 사면의 주향과 ±20° 이내로 평행하여야 한다.

(2) 파괴면은 사면과 "daylight"를 형성하여야 한다. "daylight"란 불연속면이 사면과 만나서 불연속면의 하단이 사면에 노출되어 있음을 의미하고, 불연속면의 경사각(ψ_p)이 사면의 경사각(ψ_f)보다 작을 때 "daylight"가 사면에 형성된다.

$$\psi_p < \psi_f$$

(3) 불연속면이 미끄러지기 위해서는 불연속면의 경사(ψ_p)가 마찰각(ϕ)보다 커야 한다.

$$\phi < \psi_p$$
$$\therefore \phi < \psi_p < \psi_f \tag{8.1}$$

(4) 파괴면은 사면 상부까지 연장되어 있거나 인장균열과 만나야 한다.

(5) 불연속면의 옆면(release surface)에는 마찰이 없어야 한다.

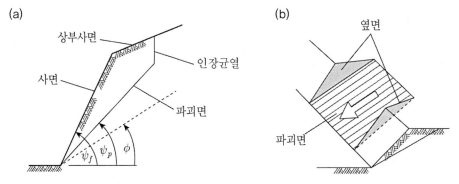

그림 8.2 평면파괴의 기하학적 조건

2) 평사투영에 의한 분석

사면의 평면파괴에 대한 운동학적 분석을 위해서는 사면의 대원과 불연속면의 극점을 투영한 후, 평면파괴의 기하학적 조건을 적용한다. 평면파괴의 운동학적 해석은 다음의 사례로 설명한다.

사 례 사면의 경사방향/경사 = 240/60, 불연속면의 마찰각 = 28°

불연속면의 경사방향/경사 ① 256/48, ② 178/57 ③ 071/73 ④ 116/20 ⑤ 028/49

1. 트레이싱 용지에 사면의 대원을 그린다.

2. 트레이싱 용지를 회전시켜 사면의 대원과 EW 선이 만나는 점에서 90°되는 점을 표시한다. 이 작업을 대원의 한쪽 끝에서 다른 쪽 끝까지 계속한 후, 점들을 선으로 연결한다. 그러면 사면의 대원 반대편에 타원이 그려지고, 이 타원을 "daylight envelope"라한다. "daylight envelope" 내부에 찍힌 불연속면의 극점은 사면보다 경사가 낮음을 의미하고, "daylight envelope" 외부에 찍힌 불연속면의 극점은 사면보다 경사가 크다는 것을 의미한다.

3. 투영망(stereonet)의 중심에서 EW 방향으로 28°되는 두 점을 찍은 다음, 이 두 점 사이의 길이를 지름으로 하는 원을 그린다. 이 원을 마찰원이라 하며, 마찰원 내부에 찍힌 불연속면의 극점은 불연속면의 경사가 마찰각보다 낮음을 의미하고, 마찰원 외부에 찍힌 불연속면의 극점은 경사가 마찰각보다 크다는 것을 의미한다.

4. 사면의 양 끝단을 N과 S에 놓고 "daylight envelope" 내부이며 마찰원의 외부인 구역에서 북위 및 남위 20°되는 선을 그린다.

5. 위의 2, 3 및 4번이 평면파괴의 조건을 나타내는 것으로, "daylight envelope" 내부이
   며 마찰원의 외부이고 사면의 대원과 주향이 ±20° 이내로 일치하는 구역은 음영이
   쳐진 구역이다. 즉 불연속면의 극점이 이 음영 구역에 찍히면 이 불연속면을 따라
   평면파괴 가능성이 있음을 지시한다.

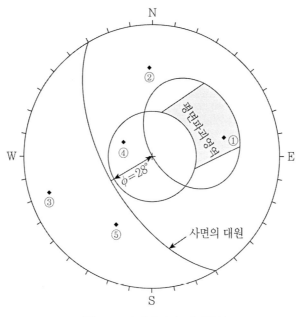

그림 8.3 평면파괴의 평사투영

8.2.2 쐐기파괴

암반사면에서 가장 흔하게 발생하는 파괴로써, 두 불연속면의 교차선을 따라서 미끄러짐이
발생한다.

1) 쐐기파괴의 기하학적 조건

(1) 두 불연속면의 교차선의 선경사(plunge, ψ_i)가 사면의 경사(ψ_f)보다 작아야 한다.

$$\psi_f > \psi_i$$

(2) 교차선의 선경사가 불연속면의 마찰각(ϕ)보다 커야 한다.

$$\psi_i > \phi$$
$$\therefore \psi_f > \psi_i > \phi \tag{8.2}$$

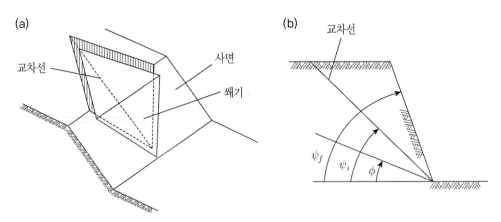

그림 8.4 쐐기파괴의 기하학적 조건

2) 평사투영에 의한 분석

쐐기파괴의 운동학적 분석에는 극점을 이용한 평면파괴와 다르게 대원을 이용하는 것이 편리하다. 평면파괴의 분석에서 사용된 사례를 쐐기파괴에 적용하였다.

1. 트레이싱 용지에 사면의 대원을 그린다.

2. 투영망의 EW를 나타내는 선에서 기준원으로부터 안쪽으로 28°되는 두 점을 찍은 다음, 이 두 점 사이의 길이를 지름으로 하는 원을 그린다. 이 원이 마찰원이며, 마찰원의 외부는 불연속면의 경사가 마찰각보다 낮음을 의미하고, 마찰원 내부는 불연속면의 경사가 마찰각보다 크다는 것을 의미한다.

3. 쐐기파괴의 기하학적 조건은 사면의 대원 바깥이며 마찰원의 내부인 구역에 해당하고, 불연속면의 교차선을 나타내는 점이 이 반달 모양의 음영구역 내에 분포하면 쐐기파괴의 가능성이 있다.

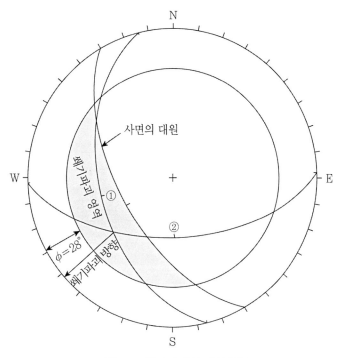

그림 8.5 쐐기파괴의 평사투영

8.2.3 전도파괴

1) 전도파괴의 기하학적 조건

그림 8.6a는 사면 위에 놓인 블록의 안정성을 보여준다. 만약 사면의 경사(ψ_f)가 사면의 마찰각(ϕ)보다 작으면 블록은 미끄러짐에 대하여 안정하다. 즉

$$\psi_f < \phi$$

이면 블록은 미끄러지지 않는다. 그러나 블록의 높이에 대한 폭의 비가 다음의 조건을 만족하면 블록의 무게 중심선이 모서리 바깥에 위치하여 블록은 전도된다.

$$\frac{\Delta x}{y} < \tan\psi_f \tag{8.3}$$

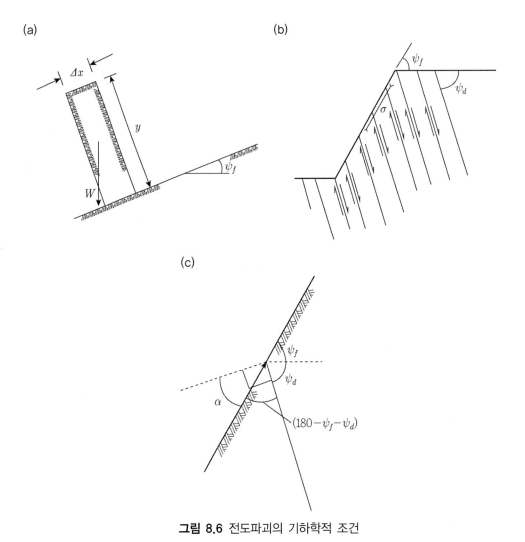

그림 8.6 전도파괴의 기하학적 조건

그림 8.6b와 같이 얇고 긴 여러 층으로 형성된 사면에서 블록이 전도되기 위해서는 각 층의 경계면, 즉 불연속면에서 미끄러짐이 발생하여야 한다. 사면에서는 수직응력이 사면과 평행하게 작용하고 있다. 불연속면에 수직인 선이 사면과 이루는 각을 α라 하고 점착력이 없다고 가정하면, 불연속면에 작용하는 전단력은 $\sigma \sin\alpha$, 수직력은 $\sigma \cos\alpha$가 된다. 그러므로 식 (8.4)의 관계를 만족시키면 불연속면은 미끄러진다.

$$\sigma \sin\alpha \geq \sigma \cos\alpha \tan\phi$$
$$\therefore \tan\alpha \geq \tan\phi \ \text{혹은} \ \alpha \geq \phi \tag{8.4}$$

그림 8.6c에서 $\alpha + (180 - \psi_f - \psi_d) = 90$이므로,

$$\alpha = \psi_f + \psi_d - 90 \geq \phi$$
$$혹은\ \psi_f - \phi \geq 90 - \psi_d \tag{8.5}$$

이다.

2) 평사투영에 의한 해석

전도파괴의 분석은 평면파괴의 분석과 같이 극점을 이용하고, 평면파괴에서 사용된 사례를
전도파괴에 적용하였다.

1. 사면의 대원을 그린다.
2. 식 (8.5)에 의하여 사면의 대원과 주향은 동일하고 경사가 $(\psi_f - \phi)$인 대원을 그린다.
3. 경사가 $(\psi_f - \phi)$인 대원의 바깥 부분과 사면과 주향이 ±20°인 영역을 표시한다. 불연속
   면의 극점이 이 구역에 위치하면 전도파괴의 가능성이 있음을 지시한다.

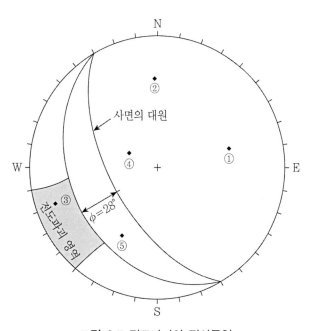

그림 8.7 전도파괴의 평사투영

평면파괴와 전도파괴는 불연속면의 극점을 이용하여 평가하므로 하나의 트레이싱 용지에 함께 분석하는 것이 일반적이다. 위의 사례에서 평면파괴와 전도파괴를 동시에 투영한 안정성 분석은 그림 8.8과 같다.

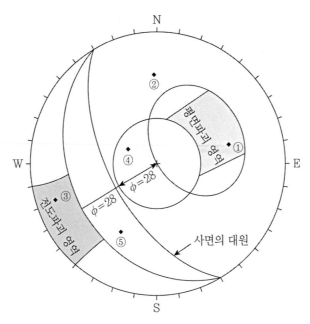

그림 8.8 평사투영에 의한 평면파괴와 전도파괴의 분석

8.3 한계평형분석

8.3.1 평면파괴

1) 기본적인 한계평형분석

그림 8.9와 같이 사면 위에 블록이 놓여 있다고 가정하자. 블록에는 "미끄러짐을 유발하는 힘"과 "미끄러짐에 저항하는 힘"이 동시에 작용하고 있다. 만약 미끄러짐을 유발하는 힘이 미끄러짐에 저항하는 힘보다 크면 암석 블록은 미끄러질 것이고, 반대의 경우에는 안전할 것이다.

이 블록의 무게가 W이고, 사면의 경사가 ψ, 블록이 사면과 접촉하고 있는 면적이 A일 때,

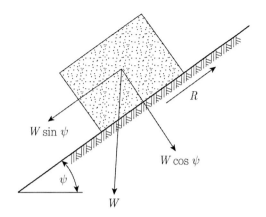

그림 8.9 사면 위에 놓인 블록의 안정

사면에 작용하는 수직응력은

$$\sigma = \frac{W cos \psi}{A} \tag{8.6}$$

이고, 작용하고 있는 전단응력은

$$\tau = \frac{W sin \psi}{A} \tag{8.7}$$

이다. 미끄러지는 면의 점착력이 c, 마찰각이 ϕ이면, 식 (8.8)이나 (8.9)의 관계가 성립하면 사면은 파괴될 것이다.

$$\frac{W sin \psi}{A} \geq c + \frac{W cos \psi}{A} \tan \phi \tag{8.8}$$

혹은 $W sin \psi \geq cA + W cos \psi \tan \phi$ (8.9)

이 사면의 안전율(F_s)은 다음의 식으로 구할 수 있다.

$$F_s = \frac{cA + W cos \psi \tan \phi}{W sin \psi} \tag{8.10}$$

만약 점착력 c=0이면

$$Wsin\psi = Wcos\psi\tan\phi$$

$$혹은 \quad \frac{\sin\psi}{\cos\psi} = \tan\psi = \tan\phi \tag{8.11}$$

일 때, 즉 사면의 경사가 암석의 마찰각과 같을 때 파괴가 발생한다.

만약 사면에 수직인 인장절리와 파괴면에 물이 분포하고 있으면, 물은 수압을 발생시킨다 (그림 8.10).

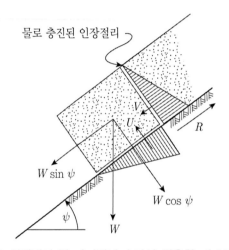

그림 8.10 인장절리 및 파괴면에 수압이 작용할 때 블록의 안정

인장절리에 발생한 수압이 V, 파괴면에 작용하고 있는 수압이 U라면 안전율은 식 (8.12)로 변한다.

$$F_s = \frac{cA + (Wcos\psi - U)\tan\phi}{Wsin\psi + V} \tag{8.12}$$

이와 같이 절리와 파괴면에 분포하는 물은 블록에 미끄러짐을 유발하는 힘을 증가시키고 수직응력을 감소시켜서 안전율을 감소시킨다.

2) 사면의 형태에 따른 분석

평면파괴에서는 일반적으로 인장균열이 발달하고, 인장균열은 그림 8.11과 같이 (1) 상부 사면에 분포하거나 (2) 사면 내에 분포한다.

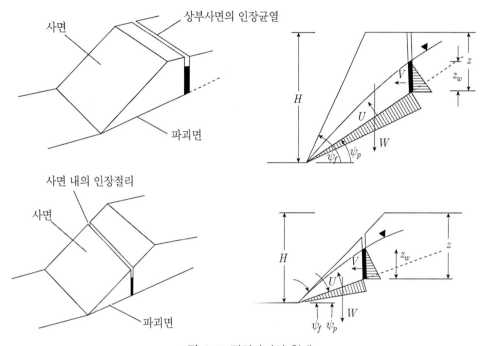

그림 8.11 평면파괴의 형태

평면파괴를 한계평형을 이용하여 분석할 때는 다음과 같은 가정을 한다.

(1) 파괴면, 인장균열 그리고 사면의 주향은 일치한다.

(2) 인장균열은 수직이고, 심도 z_w까지 물로 충진되어 있다.

(3) 물은 인장균열의 바닥에서 파괴면으로 침투하여 daylight에서 대기압으로 침출한다.

(4) 파괴 블록의 무게 W, 파괴면의 수압에 의한 부력 U 그리고 인장균열에서 수압에 의한 힘 V는 회전을 발생시키지 않는다.

(5) 파괴면의 전단강도는 $\tau = c + \sigma\tan\phi$이다.

(6) 파괴 블록의 옆면에는 불연속면이 분포하여 미끄러질 때 저항이 없다.

(7) 파괴 블록의 단위두께에 대하여 분석한다.

한계평형분석은 먼저 파괴를 유발하는 힘인 전단력(driving force, ΣS)과 파괴에 저항하는 힘인 전체 수직력(resisting force, $\Sigma N tan\phi$)을 구한 후, 두 힘의 비율인 안전율을 구한다.

$$F_s = \frac{cA + \Sigma N tan\phi}{\Sigma S} \tag{8.13}$$

$$= \frac{cA + (Wcos\psi_p - U - Vsin\psi_p)tan\phi}{Wsin\psi_p + Vcos\psi_p}$$

여기서 c는 파괴면의 점착력, ϕ는 마찰각, A는 파괴면의 면적, ψ_p는 파괴면의 경사각, W는 파괴 블록의 무게, U와 V는 수압이다. 식 (8.13)에서 W를 구하면 안전율을 구할 수 있다.

1. 상부 사면의 경사가 수평이고, 인장균열이 상부 사면에 있을 때의 W는 그림 8.12의 사면의 수직 단면에서 구할 수 있다.

파괴면의 면적 $A = \dfrac{(H-z)}{\sin\psi_p}$

파괴면에 작용하는 수압 $U = \dfrac{1}{2}\gamma_w z_w \dfrac{(H-z)}{\sin\psi_p}$

인장균열에 작용하는 수압 $V = \dfrac{1}{2}\gamma_w z_w^2$

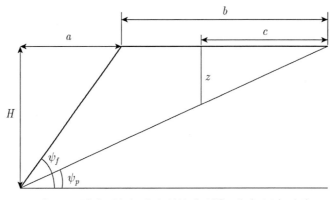

그림 8.12 인장균열이 사면 상부에 있을 때의 수직 단면

그림 8.12의 a, b, c를 구하면 블록의 부피를 계산할 수 있다.

$$\frac{H}{a} = \tan\psi_f \quad \therefore a = \frac{H}{\tan\psi_f} = H\cot\psi_f$$

$$\frac{H}{a+b} = \tan\psi_p, \quad a+b = \frac{H}{\tan\psi_p} = H\cot\psi_p \quad \therefore b = H\cot\psi_p - H\cot\psi_f$$

$$\frac{z}{c} = \tan\psi_p \quad \therefore c = \frac{z}{\tan\psi_p} = z\cot\psi_p$$

$$W = \gamma[\frac{1}{2}(a+b)H - \frac{1}{2}aH - \frac{1}{2}cz]$$

$$= \frac{1}{2}\gamma(H^2\cot\psi_p - H^2\cot\psi_f - z^2\cot\psi_p)$$

$$= \frac{1}{2}\gamma H^2(\cot\psi_p - \frac{z^2}{H^2}\cot\psi_p - \cot\psi_f)$$

$$= \frac{1}{2}\gamma H^2[(1 - \frac{z^2}{H^2})\cot\psi_p - \cot\psi_f] \qquad (8.14)$$

2. 상부 사면의 경사가 수평이고, 인장균열이 사면 내에 있을 때에는 그림 8.13의 수직
   단면에서 W를 구할 수 있다.

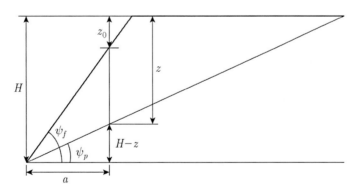

그림 8.13 인장균열이 사면 내에 있을 때의 수직 단면

$$\frac{H-z}{a} = \tan\psi_p \quad \therefore a = (H-z)\cot\psi_p$$

$$\frac{H-z_o}{a} = \tan\psi_f \quad \therefore H-z_o = a\tan\psi_f = (H-z)\cot\psi_p\tan\psi_f$$

$$W = \gamma[\frac{1}{2}(H-z_o)a - \frac{1}{2}(H-z)a]$$

$$= \frac{1}{2}\gamma[(H\cot\psi_p\tan\psi_f - z\cot\psi_p\tan\psi_f)(H-z)\cot\psi_p - (H-z)(H-z)\cot\psi_p]$$

$$= \frac{1}{2}\gamma[(H^2\cot^2\psi_p\tan\psi_f - 2Hz\cot^2\psi_p\tan\psi_f + z^2\cot^2\psi_p\tan\psi_f) - (H-z)^2\cot\psi_p]$$

$$= \frac{1}{2}\gamma[(H-z)^2\cot^2\psi_p\tan\psi_f - (H-z)^2\cot\psi_p]$$

$$= \frac{1}{2}\gamma(H-z)^2\cot\psi_p(\cot\psi_p\tan\psi_f - 1)$$

$$= \frac{1}{2}\gamma H^2(1-\frac{z}{H})^2\cot\psi_p(\cot\psi_p\tan\psi_f - 1) \tag{8.15}$$

3) 사면의 보강

사면이 잠재적으로 불안정하면 보강을 실시하여 안전율을 증가시켜야 한다. 암반 사면의 보강에는 완전히 그라우팅된 인장앵커나 무인장 다월(dowel) 또는 선단 버팀벽(toe buttress) 등이 사용된다. 보강의 방법은 사면의 지질, 보강이 필요한 용량, 시추장비 접근성 및 사용 가능성, 보강재의 설치에 소요되는 시간 등을 고려하여 결정된다. 앵커(anchor)는 끝 단을 시추공 내에 고정하고 인장력을 가할 수 있으며, 전면그라우팅을 실시하는 것이 일반적이다. 반면에 무인장 다월은 비용이 저렴한 반면에 보강효과가 낮고 보강효과를 시험할 수가 없다.

인장앵커를 그림 8.14와 같이 설치하면, 앵커의 인장력은 수직응력을 증가시키고 전단응력을 감소시킨다. 이때의 안전율은

$$F_s = \frac{cA + [W\cos\psi_p - U - V\sin\psi_p + T\sin(\psi_T+\psi_p)]\tan\phi}{W\sin\psi_p + V\cos\psi_p - T\cos(\psi_T+\psi_p)} \tag{8.16}$$

이 된다. 여기서 T는 인장앵커의 인장력이고, ψ_T는 인장앵커의 경사각이다.

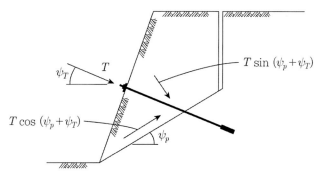

그림 8.14 인장앵커에 의한 사면 보강

8.3.2 쐐기파괴

쐐기파괴는 사면과 경사진 두 개의 불연속면의 교차선을 따라 파괴가 발생하므로 한계평형해석은 매우 어렵다. 그러므로 불연속면에 수압이 작용하지 않으며, 두 불연속면의 점착력은 c=0이고 마찰각은 ϕ로 동일한, 단순한 형태의 사면에 대하여 분석하고자 한다.

쐐기파괴의 안전율은 식 (8.17)과 같다.

$$F_s = \frac{(R_A + R_B)\tan\phi}{W sin\psi_i} \tag{8.17}$$

여기서 R_A와 R_B는 불연속면 A와 B의 수직반력이고(그림 8.15a), $W sin\psi_i$는 쐐기 무게의 교차선 방향 성분이다(그림 8.15c).

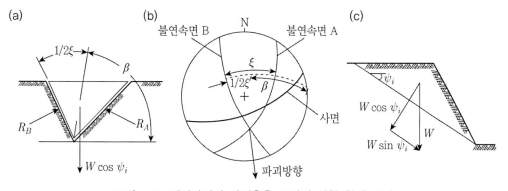

그림 8.15 쐐기파괴의 안전율을 구하기 위한 힘의 분석

반력 R_A와 R_B를 교차선에 수직한 성분과 평행한 성분으로 분해한다. 힘의 평형을 이루기 위해서는 교차선에 수직인 방향의 R_A와 R_B의 성분은 일치하여야 하고(식 (8.18)), 교차선과 평행한 방향의 R_A와 R_B 성분의 합은 쐐기 무게의 교차선 방향의 성분과 일치하여야 한다(식 (8.19)).

$$R_A \sin\left(\beta - \frac{1}{2}\xi\right) = R_B \sin\left(\beta + \frac{1}{2}\xi\right) \tag{8.18}$$

$$R_A \cos\left(\beta - \frac{1}{2}\xi\right) + R_B \cos\left(\beta + \frac{1}{2}\xi\right) = W\cos\psi_i \tag{8.19}$$

여기서 ξ와 β는 그림 8.15a에 정의되어 있고, 두 불연속면의 극점이 만드는 평면에서 측정된다(그림 8.15b). 식 (8.18)과 (8.19)로부터

$$R_A + R_B = \frac{W\cos\psi_i \sin\beta}{\sin(\xi/2)} \tag{8.20}$$

이 되고, 안전율은 식 (8.21)과 같다.

$$FS = \frac{\sin\beta}{\sin(\xi/2)} \frac{\tan\phi}{\tan\psi_i} \tag{8.21}$$

8.4 암반분류에 의한 사면안정해석

Romana(1985)는 암반사면의 안정성을 평가하기 위하여 "사면암반등급(Slope Mass Rating, SMR)으로 불리는 분류시스템을 제안하였다. 사면암반등급은 Bieniawski(1989)의 암반등급(RMR)에 불연속면과 사면의 관계에 대한 조정계수와 굴착방법에 따른 조정계수를 더하여서 구한다.

$$SMR = RMR_{basic} + (F_1 \times F_2 \times F_3) + F_4 \tag{8.22}$$

여기서 RMR_{basic}은 RMR의 6개 변수 중에서 불연속면의 방향에 따른 등급을 제외한 5개의 변수로 구해진 RMR 값을 의미하고, F_1, F_2 및 F_3는 사면의 방향에 대한 불연속면의 방향을 나타내는 조정계수들이며, F_4는 굴착방법에 대한 조정계수이다.

F_1은 사면의 주향과 불연속면의 주향 사이의 평행관계를 나타내고 0.15~1.0 범위의 평점을 가진다(그림 8.16). 만약 불연속면의 주향이 사면의 주향과 30° 이상의 차이를 보이면 파괴 가능성이 매우 낮아서 0.15의 평점을 부여하는 반면에, 불연속면의 주향이 사면의 주향과 평행하면 파괴 가능성이 높아서 1.0의 평점을 가진다. F_1의 평점은 다음의 식으로 구할 수도 있다.

$$F_1 = (1 - \sin A)^2 \tag{8.23}$$

여기서 A는 사면의 주향과 불연속면의 주향 사이의 각이다.

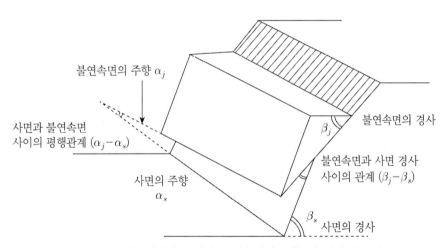

그림 8.16 평면파괴의 사면과 불연속면의 주향 및 경사의 관계

F_2는 평면파괴에서는 불연속면의 경사각에 의한 평점이고, 쐐기파괴에서는 교차선의 선경사에 의한 평점이다. 불연속면의 경사가 20° 이하이면 일반적으로 불연속면의 마찰각보다 낮은 경사각이므로 낮은 평점 0.15가 주어지고 경사가 45° 이상이면 1.0이 주어진다. 전도파괴에서는 F_2는 항상 1.0으로 주어진다. F_2는 식 (8.24)로 구할 수도 있다.

$$F_2 = \tan\beta_j \qquad\qquad (8.24)$$

여기서 β_j는 불연속면의 경사이다.

F_3는 사면의 경사와 불연속면 경사와의 관계를 나타내는 평점이다. 평면파괴와 쐐기파괴에서 불연속면이나 불연속면의 교차선이 사면에 노출되는 daylight 가능성을 의미한다. 불연속면의 경사가 사면의 경사보다 10° 이상 크면 안정성은 양호하고, 반면에 사면의 경사가 불연속면의 경사보다 10° 이상 크면 안정성은 매우 낮다. 전도파괴에서는 불연속면의 경사와 사면 경사의 합에 따라 평점이 주어진다. F_1, F_2 및 F_3의 등급은 표 8.1에 주어져 있으며, F_3의 값이 0이거나 음이므로 $F_1 \cdot F_2 \cdot F_3$의 값은 0이거나 음의 값을 가진다.

표 8.1 조정계수 F_1, F_2 및 F_3의 등급

사면파괴		매우 유리한	유리한	보통	불리한	매우 불리한
P T W	$\lvert\alpha_j - \alpha_s\rvert$ $\lvert\alpha_j - \alpha_s - 180°\rvert$ $\lvert\alpha_i - \alpha_s\rvert$	>30°	30~20°	20~10°	10~5°	<5°
P/W/T	F_1	0.15	0.40	0.70	0.85	1.00
P W	$\lvert\beta_j\rvert$ $\lvert\beta_i\rvert$	<20°	20~30°	30~35°	35~45°	>45°
P/W	F_2	0.15	0.40	0.70	0.85	1.00
T	F_2	1.0	1.0	1.0	1.0	1.0
P W	$\lvert\beta_j - \beta_s\rvert$ $\lvert\beta_i - \beta_s\rvert$	>10°	10~0°	0°	0~(-10°)	<-10°
T	$\lvert\beta_j - \beta_s\rvert$	<110°	110~120°	>120°	–	–
P/W/T	F_3	0	-6	-25	-50	-60

주) P 평면파괴, T 전도파괴, W 쐐기파괴, α_s 사면의 주향, α_j 불연속면의 주향, α_i 교차선의 선경사 방향, β_s 사면의 경사, β_j 불연속면의 경사(그림 8.16 참조), β_i 교차선의 선경사
근거: Romana, 1985.

F_4의 평점은 굴착방법에 대한 조정계수이다. 굴착방법에 따른 평점은 다음과 같다.

- **자연사면**은 오랜 기간의 풍화와 자체적으로 보호 메커니즘(식생, 표면 건조)을 가지고 있기 때문에 더욱 안전하여 F_4=+15
- 선분리 발파(pre-splitting blasting)는 사면의 안정에 도움을 주므로 F_4=+10
- 조절발파(smooth blasting)의 경우에는 F_4=+8
- **정상발파**는 사면의 안정 상태를 변화시키지 않으므로 F_4=0
- **불량한 발파**는 사면의 안정성을 손상시키므로 F_4=-8.0
- 리핑(ripping)에 의한 **기계굴착**은 연약하거나 균열이 많은 암반에만 시행될 수 있고 자주 예비 발파와 병행하여 실시되나, 사면을 고르게 정리하는 것이 어렵다. 이 방법은 사면의 안정성을 증가시키거나 감소시키지 않으므로 F_4=0

SMR 값은 0에서 100까지 분포할 수 있지만, 20 이하의 값을 보이는 사면은 매우 신속하게 파괴되고, 10 이하의 사면은 물리적으로 존재할 수 없다. Romana(1985)는 SMR 값에 따라 사면의 안정성을 5개의 등급으로 분류하였다(표 8.2).

표 8.2 SMR 값에 따른 사면의 안정성 등급

등급	V	IV	III	II	I
SMR값	0~20	21~40	41~60	61~80	81~100
암반 기술	매우 불량	불량	보통	우수	매우 우수
안정성	완전히 불안정	불안정	부분적 불안정	안정	완전히 안정
파괴	큰 평면파괴 혹은 흙과 같은 원형파괴	평면파괴 혹은 큰 쐐기파괴	특정 절리를 따라 평면파괴와 여러 개의 쐐기에 의한 파괴	블록 파괴	파괴 없음
파괴 확률	0.9	0.6	0.4	0.2	0

근거: Romana, 1985

SMR 등급에 따른 넓은 범위에서의 사면의 보강 대책은 다음과 같으며 상세한 보강대책은 표 8.3과 같다.

SMR 65-100: 없음, 스케일링(scaling)

SMR 30-75: 볼트, 앵커

SMR 20-60: 숏크리트, 콘크리트

SMR 10-30: 벽체 설치, 재굴착

표 8.3 SMR 등급에 따라 제안된 보강 방법

SMR 등급	SMR 값	제안된 보강
Ia	91~100	없음
Ib	81~90	없음, 스케일링(scaling)이 필요
IIa	71~80	(없음, 하단 도랑 혹은 펜스), 국부 볼트
IIb	61~70	(하단 도랑 혹은 펜스 철망), 국부 볼트 혹은 시스템 볼트
IIIa	51~60	(하단 도랑 및/혹은 철망), 국부 볼트 혹은 시스템 볼트, 국부 숏크리트
IIIb	41~50	(하단 도랑 및/혹은 철망), 시스템 볼트/앵커, 시스템 숏크리트, 하단 벽 및/혹은 치열(dantal) 콘크리트
IVa	31~40	앵커, 시스템 숏크리트, 하단 벽 및/혹은 콘크리트(혹은 재굴착), 배수
IVb	21~30	시스템 강화 숏크리트, 하단 벽 및/혹은 콘크리트, 재굴착, 깊은 배수
Va	11~20	중력식 벽 혹은 앵커 벽, 재굴착

01 평면파괴의 조건을 설명하라.

02 쐐기파괴의 조건을 설명하라.

03 사면의 경사방향/경사 = 240/60이고, 불연속면의 방향이 다음과 같다.
320/70, 150/55, 350/35, 47/70, 260/70. streographic projection에 의한 사면의 안정을 분석하라.

04 다음 그림에서 암석의 무게 W = 20 t, 암석의 밑면 면적 A = 2 m², 사면의 경사각 ψ= 45°, 밑면의 마찰각 ϕ, = 35°, 점착력 c = 0.5 t/m²일 때 블록의 안전율을 구하라. 단 절리는 건조한 상태이다.

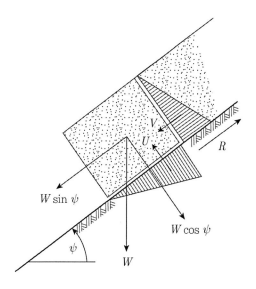

05 비가 와서 절리 내에 물이 분포한다. 수압 V = 4.5 t/m², U = 6 t/m²일 때 블록의 안전율을 계산하라.

06 다음 그림의 암반사면은 평면파괴 가능성이 있는 것으로 분석되었다. 평면파괴에 대한 안전율을 구하라.

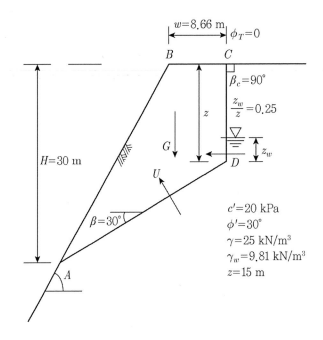

07 다음 사면의 쐐기 파괴의 안전율을 구하라.

사면 = 124/63

불연속면 A = 182/52

불연속면 B = 046/69

ϕ = 29°, c = 0

부록

1. 변형률 게이지 부착법
2. 실내 시험법 및 작성 양식

부록

1. 변형률 게이지 부착법

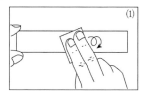

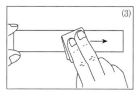

(1) 암석시료에 변형률 게이지(Strain gage) 접착 부위를 연마포(#100 ~300)를 이용하여 원 모양으로 표면 연마한다.

(2) 변형률 게이지를 붙일 장소에 중심선을 표시한다.

(3) 변형률 게이지의 접착 부위를 탈지면이나 거즈에 아세톤과 같은 휘발성이 높고 기름 성분을 용해하는 액체를 묻혀 한 방향으로 강하게 문지르면서 깨끗이 닦는다.

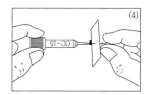

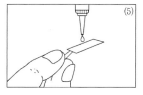

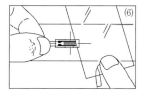

(4) 접착제를 준비한 후, 접착제 입구를 연다. 이때 접착제가 갑자기 뿜어져 나와 신체(특히 눈)에 직접 닿지 않도록 주의를 요한다.

(5) 변형률 게이지의 앞과 뒤를 확인하여 뒷면에 접착제 한 방울 정도를 떨어뜨린다.

(6) 접착제를 떨어뜨린 변형률 게이지를 암석시료에 표시한 중심선에 맞춰 붙이고 폴리에틸렌 시트를 덮는다.

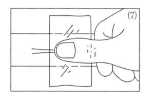

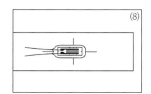

(7) 변형률 게이지 위의 폴리에틸렌 시트를 그림에서와 같이 엄지손가락을 사용하여 약 1분간 누른다. 접착제는 급속하게 굳기 때문에 (5)~(7)의 동작은 빨리 실시한다.

(8) 접착제가 굳고 난 후에 폴리에틸렌 시트를 제거하면, 변형률 게이지 부착 과정은 완료된다.

2. 실내 시험법 및 작성 양식

1) 시료채취 및 시료 제작 방법

(1) 개요

이 방법은 암석의 실내 시험에 사용되는 시료의 채취방법과 시료의 제작방법에 대하여 설명한다.

(2) 장비

- 시료 채취: 필드 해머, 쐐기 정, 시료 주머니, 시료 박스
- 시료 제작: 시추 코어기, 코어 절단기, 코어 연마기, 수직도 및 편평도 측정기

(3) 시료 채취

- 암반 노두 현장에서 대표성 있는 시료를 필드 해머나 쐐기 정을 사용하여 채취한다.
- 채취된 시료는 시료 주머니에 넣어 시료 박스에 보관한다.
- 시료는 실내 시험 종류에 따른 시험을 수행하기 위한 시료 제작에 필요한 충분한 시료를 채취한다.

(4) 시료 제작(그림 1)

- 시료는 시추 코어기를 사용하여 원주형으로 제작한다.
- 시료는 직경이 약 54 mm인 NX 크기를 표준으로 하며, 최소 20 mm 이상으로 한다.
- 일축 및 삼축압축시험을 위한 시료의 길이는 직경의 1.5~2.5배, 간접인장시험의 경우는 직경의 0.2~0.8배가 되도록 성형한다.
- 성형된 시료의 편평도는 편평도 측정기를 이용하여 측정한다. 이때 편평도는 0.02 mm이어야 한다.
- 성형된 시료의 수직도는 수직도 측정기를 이용하여 측정한다. 이때 수직도는 0.001 라디안(radian) 이상이어야 한다.

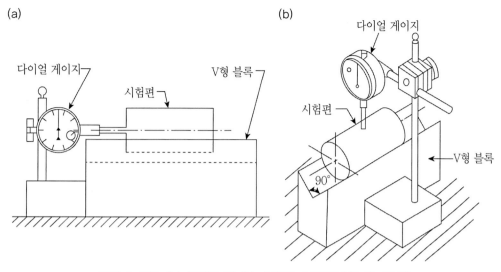

그림 1 시료: (a) 편평도 및 (b) 수직도 측정기(박찬 외, 2010)

(5) 시료 채취 및 시료

시료 번호		시료 사진
암석명		
채취 장소		
채취 년월일		

시험편 번호		시험편 사진
제작 년월일		
시험편 직경		
시험편 길이		

2) 공극률, 비중, 단위중량 측정

(1) 실험 개요

이 실험은 암석이 가지고 있는 물리적 특성 중 공극률, 비중, 단위중량 등을 측정하기 위함이다. 본 실험을 통해서 암종별 물성의 차이점을 비교할 수 있다.

(2) 실험 장비

- 시료 용기: 시료의 운반 및 오븐에서 말릴 때 시료를 올려놓는 용기
- 저울: 시료의 질량측정에 사용
- 건조기: 시료를 완전 건조시키기 위해 사용
- 진공포화 장비(10^{-4}): 시료를 포화시킬 때 사용(진공펌프, 역류방지 장치, 진공챔버, 비커(600 ml))
- 건조기: 시료를 식히는 동안 건조상태를 유지하게 하는 장치
- 수조: 시료의 수중질량을 측정할 때 사용
- 실: 시료의 수중질량을 측정할 때 사용
- 젖은 천: 포화시킨 시료의 물기를 닦을 때 사용

(3) 실험 방법(그림 2)

- 50 g 이상 임의 형태의 암석시료 4개를 사용하여 시료의 초기질량(M_i)을 측정한다.
- 초기질량 측정 후 비커에 시료를 넣고 물을 채운다.
- 비커를 진공 챔버에 넣고 진공을 만들어 최소 1시간 이상 시료를 완전 포화시킨다.
- 완전 포화된 시료를 수조에 넣어 수중질량(M_{svb})을 측정한다.
- 수중질량 측정 후 시료를 꺼내 젖은 천으로 표면의 물기를 닦은 후 포화질량(M_{sat})을 측정한다.
- 기 시료를 105℃ 건조오븐에서 12시간 이상 건조시킨 후 1시간 이상 강제 방치한 후 시료를 꺼내어 건조기에서 30분 동안 식힌다.
- 시료를 식힌 후 건조질량(M_{dry})을 측정한다.

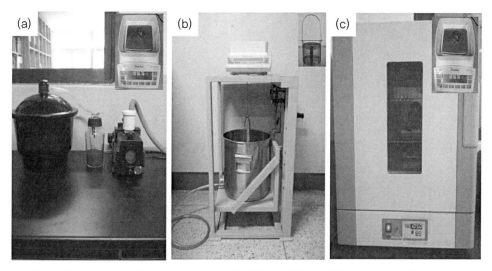

그림 2 공극률, 비중, 단위중량 측정 장비: (a) 진공포화장비, (b) 전자저울, (c) 건조기

(4) 실험 결과

	시료번호				
1	초기질량, M_i [kg]				
2	수중질량, M_{svb} [kg]				
3	포화질량, M_{sat} [kg]				
4	건조질량, M_{dry} [kg]				
5	공극률, $n = \dfrac{M_{sat} - M_{dry}}{M_{sat} - M_{svb}}$				
6	고체 비중, $G_s = \dfrac{M_{dry}}{M_{sat} - M_{svb}} \cdot \dfrac{1}{1-n}$				
7	초기 포화도, $S = \dfrac{1-n}{1} \cdot G_s \cdot \dfrac{M_i - M_{dry}}{M_{dry}}$				
8	초기밀도, $\rho_i = \{(1-n) \cdot G_s + ns\} \cdot \rho_w$ [kg/m³]				
9	건조밀도, $\rho_d = (1-n) \cdot G_s \cdot \rho_w$ [kg/m³]				
10	포화밀도, $\rho_{sat} = \{(1-n) \cdot G_s + n\} \cdot \rho_w$ [kg/m³]				
11	초기 단위중량, $\gamma_i = \{(1-n) \cdot G_s + ns\} \cdot \rho_w \cdot g$ [N/m³]				
12	건조 단위중량, $\gamma_d = (1-n) \cdot G_s \cdot \rho_w \cdot g$ [N/m³]				
13	포화단위중량, $\gamma_{sat} = \{(1-n) \cdot G_s + n\} \cdot \rho_w \cdot g$ [N/m³]				

3) 탄성파 속도를 이용한 암석의 탄성상수 측정

(1) 실험 개요

이 실험은 탄성파 속도를 측정하여 암석의 탄성파 속도뿐만 아니라 암석의 동탄성계수(E_d) 와 동포아송비(ν_d)를 구하기 위함이다. 본 실험을 통해서 암종별 탄성파 속도와 동적 성질의 차이점을 비교할 수 있다.

(2) 실험 장비

- 파형발생기(pulse generator): 파동을 발생시키기 위해서 전기적 신호를 발생시키는 장치
- 송신기와 수신기: 탄성파를 발생시켜 수신하는 장치(P파, S파)
- 커플런트(couplant): 송신기와 수신기의 접촉을 밀실하게 하기 위하여 사용
- 버니어 캘리퍼스: 시료의 길이 측정에 사용

(3) 실험 방법(그림 3)

- 시료: 직경 NX 크기의 원주형 시추 코어를 사용한다.
- 탄성파 속도 측정 장비의 전원 스위치를 켠다.
- 송신기와 수신기에 부착된 스위치를 P파용으로 맞춘다.
- 송신기와 수신기를 접촉시킨 후 영점조정을 실시한다.
- 시료와의 접촉을 밀실하게 하기 위해서 송신기와 수신기의 접촉면에 커플런트를 바른다.
- 커플런트를 바른 후 송신기와 수신기를 시료에 접촉시켜서 일축압축시험기에 송신기와 수신기를 완전 밀착시킨 후, P파 도달시간(transit time(t_p))을 3회 측정한다.
- P파를 측정한 후 일축압축시험기에서 시료를 꺼낸 후 송신기와 수신기, 시료에 묻은 커플런트를 깨끗이 닦아낸 후 파형 조정 장치 스위치를 S파용으로 맞춘다.
- 송신기와 수신기를 접촉시킨 후 영점조정을 실시한다.
- 송신기와 수신기에 커플런트를 바른 후 시료에 접촉시켜서 일축압축시험기에 올려놓고 일정한 하중(10 MPa)을 가하여 준다.
- 송신기와 수신기를 완전 밀착시킨 후, S파 도달시간(transit time(t_s))을 3회 측정한다.

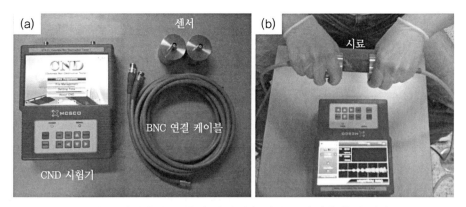

그림 3 탄성파 속도 측정 장비: (a) 장비 구성, (b) 측정 방법

(4) 실험 결과

암종			
길이(L) [m]	1회	2회	3회
	평균		
Transit time(t_p) [sec]	1회	2회	3회
	평균		
P파 속도, $V_p = \dfrac{L}{t_p}$ [m/sec]			
Transit time(t_s) [sec]	1회	2회	3회
	평균		
S파 속도, $V_s = \dfrac{L}{t_s}$ [m/sec]			
동포아송비 $V_d = \dfrac{\dfrac{V_p^2}{V_s^2} - 2}{2 \cdot (\dfrac{V_p^2}{V_s^2} - 1)}$			
동탄성계수 $E_d = \dfrac{\rho \cdot V_p^2 \cdot (1+\nu)(1-2\nu)}{(1-\nu)}$ [Pa]			

4) 점하중 시험을 이용한 암석의 강도 측정

(1) 실험 개요

이 실험은 암석에 점상의 압축응력을 가하여 인장파괴에 의한 점하중 강도를 구하기 위함이다. 본 실험을 통하여 암종별 점하중 강도의 차이점 비교 및 일축압축강도 평가가 가능하다.

(2) 실험 장비

- 버니어 캘리퍼스: 시료의 직경을 측정할 때 사용
- 가압판: 형태는 점상의 원추형 모양
- 유압 펌프: 시료에 하중을 가하는 장치
- 압력게이지: 시료의 파괴 시 가해준 하중을 읽는 장치

(3) 실험 방법(그림 4)

- 시료: 직경 NX 크기의 원주형의 시추 코어를 사용한다.
- 버니어 캘리퍼스를 사용하여 시료의 직경(D_e)을 측정한다.
- 시료에 점상의 하중을 가할 부분(직경방향)을 5H 또는 6H 연필로 표시한다(가압판과

그림 4 점하중 시험 방법

시료에 점상의 하중을 가할 부분의 축이 일치하지 않으면 잘못된 파괴를 유발시키므로 주의 요망).

- 시료를 가압판에 올려놓고 파괴가 일어날 때까지 일정한 속도로 하중을 가한다.
- 시료를 파괴시킨 후 압력게이지를 읽어(σ_g) 파괴 시 하중(P_c)을 구한다.
- 시료를 파괴시킨 후 그림 5와 비교하여 올바르게 시료가 파괴되었는지 확인한다.

(4) 실험 결과

암종	암종명			암종명		
	1회	2회	3회	1회	2회	3회
직경(D_e) [m]						
파괴 시 압력 게이지 값(σ_g) [kPa]						
파괴 시 하중 $P_c = \sigma_g \times 0.00332 m^2$ [kN]						
점하중 강도 $I_s = \dfrac{P_c}{D_e^2}$ [kPa]						

(5) 시료 형상에 따른 점하중 파괴 형태

각 암종별로 점하중 강도를 비교하고 가로축을 일축압축시험으로 구한 일축압축강도, 세로축을 점하중강도로 하여 그래프를 그려 둘 간의 관계성을 예측해 본다.

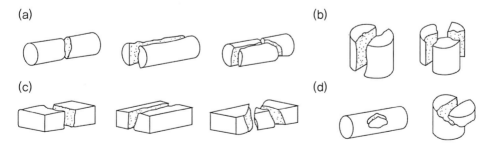

그림 5 점하중 강도 시험의 모형 예: (a) 유효 직경방향 시험, (b) 유효 축방향 시험, (c) 유효 블록 시험, (d) 비유효 코어 시험, (e) 비유효 축방향 시험

5) 압열인장시험(Brazilian test)을 이용한 암석의 인장강도 측정

(1) 실험 개요

본 실험은 암석에 선상의 압축하중을 가하여 발생하는 인장응력에 의하여 암석을 파괴시키는 간접인장시험으로 암석의 인장강도를 구하기 위함이다. 본 실험을 통하여 암종별 인장강도 차이점 비교 및 일축압축강도 평가가 가능하다.

(2) 실험 장비

- 버니어 캘리퍼스: 시료의 직경과 두께 측정
- 마스킹 테이프(masking tape): 시료의 원주 부분을 감쌀 때 사용
- 유압 펌프: 시료에 하중을 가할 때 사용
- 압력 게이지: 시료의 파괴 시 가해준 하중을 읽는 장치
- 브라질리언(Brazilian) 시험기

(3) 실험 방법(그림 6)

- 시료: 직경 NX 코어로서 시료의 두께는 시료 직경의 1/2의 시료를 사용한다.
- 버니어 캘러퍼스를 사용하여 시료의 직경(d)과 두께(L)를 측정한다.
- 시료를 마스킹 테이프로 원주부분을 감싼다.
- 감싼 시료를 Brazilian 시험기 중앙에 놓이도록 올려놓는다.
- 유압펌프를 사용하여 시료 파괴가 일어날 때까지 일정한 속도로 하중을 가한다.
- 시료를 파괴시킨 후 압력 게이지를 읽어(σ_g) 시료의 파괴 시 하중(P_c)을 구한다.

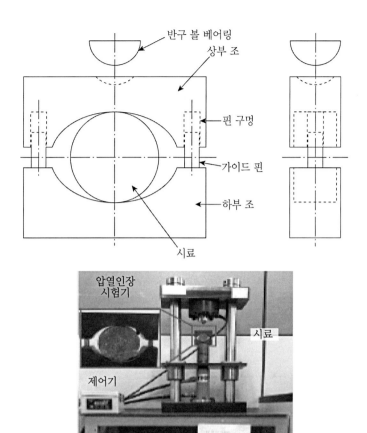

반구 볼 베어링
상부 조
핀 구멍
가이드 핀
하부 조
시료

압열인장
시험기
시료
제어기

그림 6 압열인장시험 모식도와 시험

(4) 실험 결과

암종	암종 1			암종 2		
직경(d) [m]	1회	2회	3회	1회	2회	3회
	평균			평균		
두께(L) [m]	1회	2회	3회	1회	2회	3회
	평균			평균		
파괴 시 압력게이지 값(σ_g) [kPa]						
파괴 시 하중 $P_c = \sigma_g \times 0.00332 m^2$ [kN]						
간접인장강도 $\sigma_{t,B} = \dfrac{2 \cdot P_c}{\pi \cdot d \cdot L}$ [kPa]						

6) 일축압축시험을 통한 암석의 탄성상수 및 강도 측정

(1) 실험 개요

이 실험은 일축압축시험을 통하여 암석의 탄성상수인 영률(Young's modulus)과 포아송 비(Poisson's ratio), 그리고 일축압축강도를 구하기 위함이다. 본 실험을 통하여 암종별 탄성상수 및 강도의 차이점을 비교할 수 있다.

(2) 실험 장비

- 버니어 캘리퍼스(vernier calipers): 시료의 길이와 직경 측정에 사용
- 일축압축시험기: 유압펌프, 압력 게이지, 일축압축 프레임으로 구성
- 데이터 로거(data logger): 시료에 가해준 압력과 변형량의 데이터 수집 장치
- 변형률 게이지(strain gauge): 시료의 축방향 및 횡방향의 변형률 측정에 사용
- 연마제((#100~300): 변형률 게이지가 부착될 시료면의 연마에 사용
- 디지털 멀티미터(digital multimeter): 변형률 게이지 선의 단선 유무 확인
- 접착제: 시료에 변형률 게이지 부착에 사용
- 아세톤(acetone): 변형률 게이지를 부착할 지점에 이물질을 제거할 때 사용
- 폴리에틸렌 시트(polyethylene sheet): 변형률 게이지를 부착할 때 사용
- 귀마개 및 보호 안경: 실험 시 실험자의 안전 보호 장비

(3) 실험 방법(그림 7)

- 시료: 시료의 길이와 직경비가 2.5~3.0(국내의 경우 2.0), 직각도 0.0573°(0.05 mm/50 mm), 편평도 0.02 mm인 원주상의 암석시료를 사용한다.
- 버니어 캘리퍼스를 사용하여 시료의 길이(h)와 상부, 중부, 하부 직경을 측정한 후 직경(d)을 구한다.
- 변형률 게이지를 부착할 지점(시료의 중간부분)을 사포로 연마한다.
- 디지털 멀티미터를 사용하여 변형률 게이지의 단선유무를 확인한다(약 120 Ω).
- 변형률 게이지에 연결된 선을 데이터 로거에 연결한 후 데이터 로거를 세팅한다.
- 유압펌프의 재킷을 사용하여 시료가 파괴가 일어날 때까지 일정한 속도로 축하중을 가한다(보호안경 및 귀마개 필히 착용).

- 시료가 파괴된 후 압력 게이지의 눈금(P_g)을 읽어 파괴 시의 파괴 하중(P_c)을 계산한다.
- 하중가압판에서 시료를 제거하여 시료의 파괴 모양을 스케치한다.

그림 7 일축압축시험: (a) 일축압축시험 장비, (b) 시료

(4) 실험 결과

- 일축압축강도

$$\sigma_c = \frac{4 \cdot P}{\pi \cdot d^2}$$

- 영률(E)

데이터 로거로부터 얻어진 시간에 따른 가해준 압력, 축방향의 변형률 값을 이용하여 가로축을 변형률, 세로축을 응력으로 하여 그래프를 그린다. 그래프에서 축방향 변형률의 기울기(영률)를 구한다.

$$\text{영률, } E = \frac{\triangle \sigma}{\triangle \varepsilon_a}$$

– 포아송 비(ν)

데이터 로거로부터 얻어진 데이터를 처리하여 가로축을 변형률, 세로축을 응력으로 하여 오른쪽은 축방향의 변형률, 왼쪽은 횡방향의 변형률 그래프를 그린다. 그래프에서 같은 구간의 축방향 및 횡방향의 기울기를 구한 후 포아송 비(ν)를 구한다.

$$\text{포아송 비, } \nu = -\frac{\varepsilon_l}{\varepsilon_a} = -\frac{\text{횡방향 응력 − 변형률 곡선의 기울기}}{\text{축방향 응력 − 변형률 곡선의 기울기}}$$

시료 암종				파괴 모양 스케치
길이(h) [m]	1회	2회	3회	
	평균			
직경(d) [m]	상부	중부	하부	
	평균			
파괴 시 압력 게이지 값(P_g) [kPa]				
파괴 시 압력 $P = P_c \times 0.00332m^2$ [kN]				
강도, $\sigma_c = \dfrac{4 \cdot P}{\pi \cdot d^2}$ [kPa]				
비고				

7) 삼축압축시험을 통한 암석의 점착력, 마찰각 및 강도 측정

(1) 실험 개요

이 실험은 삼축압축시험을 통하여 암석의 점착력(cohesion)과 마찰각(friction angle), 그리고 삼축압축강도를 구하기 위함이다. 본 실험을 통하여 암종별 점착력, 마찰각 그리고 강도의 차이점을 비교할 수 있다.

(2) 실험 장비

- 버니어 캘리퍼스(vernier calipers): 시료의 길이와 직경 측정에 사용
- 일축압축시험기: 유압펌프, 압력 게이지, 일축압축 프레임으로 구성
- 삼축압축셀: 시료의 세 방향에 압력을 가할 때 사용되는 용기
- 데이터 로거(data logger): 시료에 가해준 압력과 변형량의 데이터 수집 장치
- 귀마개 및 보호 안경: 실험 시 실험자의 안전 보호 장비

(3) 실험 방법(그림 8)

- 시료: 시료의 길이와 직경비가 2.5~3.0(국내의 경우 2.0), 직각도 0.0573°(0.05 mm/50 mm), 편평도 0.02 mm인 원주상의 암석시료 사용
- 버니어 캘리퍼스를 사용하여 시료의 길이(h)와 상부, 중부, 하부 직경을 측정한 후 직경(d)을 구한다.
- 시료에 구속압을 가한다. 이때 구속압은 3단계 이상을 적용한다.
- 구속압에 따른 유압펌프의 재킷을 사용하여 시료가 파괴가 일어날 때까지 일정한 속도로 축하중을 가한다(보호안경 및 귀마개 필히 착용).
- 시료가 파괴된 후 압력 게이지의 눈금(P_g)을 읽어 파괴 시의 파괴 하중(P_c)을 계산한다.
- 하중가압판에서 시료를 제거하여 시료의 파괴 모양을 스케치한다.

(4) 실험 결과

- 삼축압축강도

$$\sigma = \frac{4 \cdot P}{\pi \cdot d^2}$$

- 점착력(c)과 마찰각(ϕ)

구속압에 따른 모어 원(Mohr circle)들을 도시한 후 모어 원들에 대한 최적 접선인 파괴포락선을 작도하여 파괴포락선의 y-축으로부터 점착력, 파괴포락선의 기울기로부터 마찰각을 구한다(그림 9).

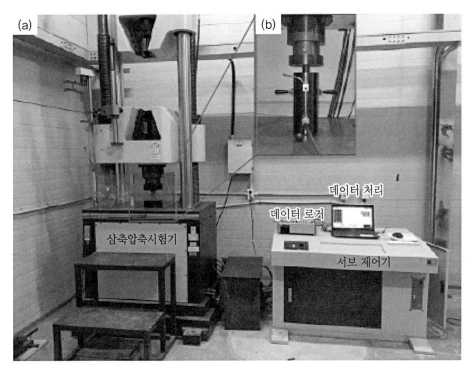

그림 8 삼축압축시험: (a) 압축시험 장비, (b) 삼축셀

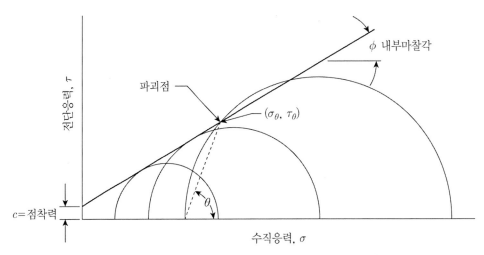

그림 9 모어 원의 작도를 통한 점착력과 마찰각 계산

시료 암종				파괴 모양 스케치
길이(h) [m]	1회	2회	3회	
	평균			
직경(d) [m]	상부	중부	하부	
	평균			
구속압				
파괴 시 압력 게이지 값(P_g) (kPa)				
파괴 시 압력 $P = P_c \times 0.00332 m^2$ (kN)				
강도, $\sigma_c = \dfrac{4 \cdot P}{\pi \cdot d^2}$ (kPa)				
점착력(kPa)				
내부마찰각(°)				

8) 슈미트 해머 시험

(1) 실험 개요

이 실험은 슈미트 해머를 이용한 비파괴 시험으로 암석의 반발경도 및 그 결과로부터 암석의 일축압축강도를 평가하기 위함이다.

(2) 실험 장비

- 슈미트 해머: 재료의 반발경도를 측정하는 장비
- 테스트 엔빌(test anvil): 슈미트 해머를 보정하는 장비

(3) 실험 방법(그림 10)

- 시료: 암석의 코어 또는 암석블록을 사용한다.

– 테스트 엔빌을 사용하여 슈미트 해머를 보정한다.

– 슈미트 해머를 보정한 후 시료가 움직이지 않도록 잘 고정한 후, 타격하고자 하는 지점에
그리드 선(grid line)을 그린다.

– 그리드 선을 그린 후, 슈미트 해머로 20회 이상 타격하여 측정치를 구한다.

– 슈미트 해머로 구한 측정치 중 하위 50%는 버리고 상위 50%로 평균치를 구하고 이
값에 보정계수(correction factor)를 곱해서 반발 경도를 구한다.

– 반발경도를 구한 후 그림 11을 이용하여 일축압축 강도를 예측한다.

그림 10 슈미트 해머 시험

(4) 실험 결과

암종	암종 1					암종 2				
보정계수										
슈미트 해머 측정치										
슈미트 해머 평균치										
슈미트 해머 반발경도										
예측된 일축압축강도										

$$\text{보정계수} = \frac{\text{엔빌시험 표준값}}{\text{엔빌시험 평균값}}$$

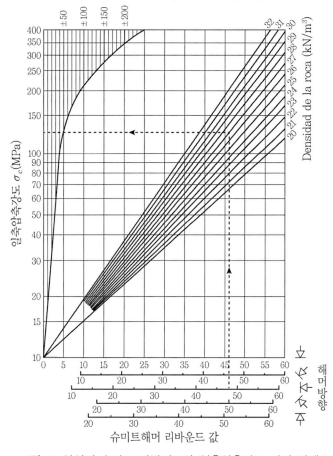

그림 11 암석의 슈미트 반발경도와 일축압축강도 간의 관계

9) 슬레이크 내구성 실험을 이용한 내구성 측정

(1) 실험 개요

본 실험은 암석의 환경적 변화에 기인한 건조와 습윤의 반복에 의하여 급격히 고결력을 잃어 조직이 파괴되는 현상을 평가하기 위한 것으로서 암석의 내구성을 측정하기 위함이다.

(2) 실험 장비

- 슬레이크 내구성 시험기(slake durability tester)

– 저울: 시료의 무게 측정에 사용
– 오븐: 시료를 완전 건조시킬 때 사용

(3) 실험 방법(그림 12)

– 시료: 40~60 g 크기의 암석 시료 10개 정도(총 중량 400~600 g)를 이용한다.
– 시료를 시험장치의 드럼에 넣은 후 105°C 건조오븐에 넣고 2~6시간 완전 건조시킨다.
– 시료가 들어있는 드럼(드럼+시료)의 무게(A)를 측정한다.
– 시료가 들어있는 드럼을 수조에 세팅하고 회전축 아래 20 mm까지 잠기게 한 후 200번 회전시킨다.
– 회전 후 드럼을 수조에서 꺼낸 다음 105°C 건조오븐에서 완전 건조시킨다.
– 앞의 실험순서를 반복 실시하여 시료가 들어있는 드럼(드럼+시료)의 무게(C)를 측정한다.
– 드럼에서 시료를 꺼내어 드럼 안을 깨끗이 청소한 후 드럼의 무게(D)를 측정한다.

그림 12 슬레이크 내구성 시험기

(4) 실험 결과

암종		
드럼(드럼+시료)의 무게(A) [g]		
드럼(드럼+시료)의 무게(B) [g]		
드럼(드럼+시료)의 무게(C) [g]		
드럼의 무게(D) [g]		
Slake durability index $I_{d2} = \dfrac{C-D}{A-D} \times 100(\%)$		

표 1 Gamble에 의한 내구성 특성의 분류

	$I_{d1}(\%)$	$I_{d2}(\%)$
지극히 내구성 있음	> 99	> 98
고내구성	98−99	95−98
중~고정도 내구성	95−98	85−95
중정도 내구성	85−95	60−85
저내구성	60−85	30−60
지극히 낮은 내구성	< 60	< 30

10) 경사시험기와 절리면 프로파일 게이지를 이용한 절리면의 강도 측정

(1) 실험 개요

본 실험은 절리면 프로파일 게이지(joint profile gage)를 이용하여 절리면의 거칠기 계수를 구하고 기울림 시험기(tilt tester)를 이용하여 절리면의 전단강도를 구하기 위한 것으로서 절리면 거칠기 정도에 따른 절리면 전단강도 변화를 살펴보기 위함이다.

(2) 실험 장비

- 절리면 프로파일 게이지: 절리면의 거칠기를 측정하는 데 사용
- 기울림 시험기: 절리면의 마찰각 측정에 사용
- 저울: 절리면 상부블록의 무게 측정에 사용

– 버니어 캘리퍼스: 시료의 길이 측정에 사용

(3) 실험 방법(그림 13)

– 시료: 절리면을 가지고 있는 임의의 형태의 블록을 사용한다.

– 절리면 위에 절리면 프로파일 게이지를 수직, 수평방향으로 눌러서 절리면의 거칠기 정도를 측정한다.

– 절리면 거칠기 정도를 측정한 후 이를 이용하여 절리면 거칠기 계수(JRC)를 구한다.

– 슈미트 해머를 이용하여 절리면의 압축강도(JCS)를 구한다.

– 절리면 거칠기 계수를 구한 후 절리면을 포함한 하부 블록의 길이(L)를 측정하여 단면적(A)을 계산한다.

– 단면적을 계산한 후, 절리면의 하부 블록을 경사 측정기 측정판에 고정시킨다(상부 블록의 무게를 측정한 후, 절리면 상부 블록을 하부 블록 위에 올려놓고 기울림시험기 측정판 기울기를 서서히 높인다).

– 절리면 상부 블록의 무게를 더 증가시켜서 (5)-(6)의 과정을 반복 측정한다.

– 상부 블록 무게의 변화에 따른 경사각의 변화를 측정한 후, 절리면에 작용한 수직응력과 전단응력을 계산한다.

– 가로축을 수직응력, 세로축을 전단응력으로 하여 그래프를 그려 절리면의 전단 강도식을 구한다.

(a)

(b)

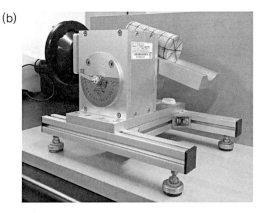

그림 13 (a) 프로파일 게이지 및 (b) 기울림시험기

(4) 실험 결과

- 절리면 측정 방향이 수평인 경우

절리면 거칠기 단면		
절리면의 거칠기 계수(JRC)		
절리면 압축강도(JCS)[MPa]		
절리면 하부블록의 길이(L)	가로 길이	세로 길이
절리면 하부블록의 단면적(A)[m²]		
절리면 상부블록의 무게(kg)		
경사각(θ)		
수직응력(MPa)		
Basic(residual) friction angle $\phi_\gamma = \theta - JRC \cdot \log_{10}(\frac{JCS}{\sigma_n})$		
전단 응력(MPa)		
절리면 전단강도식		

- 절리면 측정 방향이 수직인 경우

절리면 거칠기 단면		
절리면의 거칠기 계수(JRC)		
절리면 압축강도(JCS)[MPa]		
절리면 하부블록의 길이(L)	가로 길이	세로 길이
절리면 하부블록의 단면적(A)[m²]		
절리면 상부블록의 무게(kg)		
경사각(θ)		
수직응력(MPa)		
Basic(residual) friction angle $\phi_\gamma = \theta - JRC \cdot \log_{10}(\frac{JCS}{\sigma_n})$		
전단 응력(MPa)		
절리면 전단강도식		

참고문헌

박찬, 2010, 암석표준시험법, 한국암반공학회, 도서출판 씨아이알.

이상은, 화강암의 역학적 이방성 및 균열제어 발파에 관한 연구, 전북대학교 박사학위논문, 1996.

이인모, 2004, 암반역학의 원리, 도서출판 씨아이알, p.372.

이정인, 1997, 암반사면공학, 도서출판 엔지니어즈, p.459.

이정인, 조태진, 이연규, 1997, 암석역학을 이용한 터널설계, 구미서관, p.359.

조태진, 윤용균, 이연규, 장찬동, 2008, 암반역학, 도서출판 건설정보사, p.506.

한국암반공학회, 2021, 한국암반공학회 창립 40주년 백서, Apub Co., Ltd., p.82.

Amadei, B. and Stephansson O. (1997) Rock stress and its measurement, Chapman & Hall.

Anon, 1977, The description of rock masses for engineering purpose, Geological Society Engineering Group, Working Party Report, Quaternary Journal of Engineering Geology, 10, 355-388.

ASTM D 4623-86 (1994) Standard test method for determination of in-stress in rock mass by overcoring method - USBM borehole deformation gage.

Bandis, S., Lumsden, A. C. and Barton N. R.., 1981, Experimental studies of scale effects on the shear behavior of rock joints, Int. J. Rock Mech. Min. Sci. & Geomech. Abstr. vol. 18, 1-21

Bandis, S., Lumsden, A. C. and Barton, N. R., 1983, Fundamentals of Rock Joint Deformation, Int. J. Rock Mech. Min. Sci. & Geomech. Abstr. vol. 20, pp. 249-268.

Barton, N., 1973, Review of a new shear-strength criterion for rock joints, Engng. Geol. 7, pp.287-332.

Barton, N., 1978, Suggested methods for the quatitative description of discontinuities in rock masses, ISRM Commission on Standardization of Laboratory and Field Tests. International Journal of Rock Mechanics Mining Sciences and Gemechanics Abstract, 15, 319-368.

Barton, N. and Choubey, V., 1977, The shear strength of rock joints in theory and practice, Rock Mechanics, vol. pp.1-54

Bell, F.G., 1992, Engineering in rock masses, Butterworth Heinemann, Oxford, 580p.

Bieniawski, Z.T., 1984, Rock Mechanics Design in Mining and Tunneling, A.A. Balkema, p.272.

Brady, B.H. and Brown, E.T., 1985, Rock mechanics for underground and mining, George Allen & Unwin, London, p.527.

Brown, E.T. and Hoek, E., 1980, Underground Excavation in Rock. The Institution of Mining and Metallurgy, London.

Dally, J.W. and Riley, W.F., 1978, Experimental stress analysis, McGraw-Hill Book Company, New York, p.571.

Goodman, R.E., 1989, Introduction to rock mechanics, John Wiley & Sons, New York, p.562.

Franklin J.A. and Desseault, M.B., 1989, Rock engineering, McGraw-Hill Publishing Company, p.600.

Harrison J.P. and Hudson, J.A., 2000, Engineering rock mechanics, Pergamon, Oxford, p.506.

Heuze, F.E., 1984, Suggested method for estimating the insitu modulus of defromation of rock using the NX-borehole jack, Geothechnical Testing Journal, 7(4), 205-210.

Hoek, E and Bray, J.W., 1981, Rock slope engineering, The Institution of Mining and Metallurgy, London, p.358.

Hoek, E. and Brown, E.T., 1980, Underground Excavations in Rock. Inst. Min. 537 Metall, London.

Hoek, E., Kaiser, P.K., and Bawden, W.F., 1998, Support of Underground Excavations in Hard Rock, A.A. Balkema, p.215.

Holcomb, D.J., 1993, Observations of the Kaiser effect under multiaxial stress states: implications for its use in determining in-situ stress. Geophys. Res. Lett., Vol.20, pp.2119-2122.

Hudson, J.A., 1989, Rock mechanics principles in engineering practice, Butterworths, Ciria, London.

Hudson, J. A., 1993, Comprehensive rock engineering: Volume 1, Pergamon Press, Oxford, p.393.

Hudson, J. A. and Harrison, J. P., 1997, Engineering rock mechanics-an introduction to the principles, Pergamon, pp.135, 144.

ISRM, 1981, Rock characterization testing and monitoring, ISRM Suggested Methods, Pergamon Press.

Jaeger, J.C., Cook, N.G.W. and Zimmerman, R.W., 2007, Fundamentals of rock mechanics, Blackwell Publishing, Oxford, p.475.

Kim, K. and Franklin, J.A., 1987, Suggested methods for rock stress determination. Int. J. Rock Mech. Min. Sci. & Geomech. Abstr., Vol.24, pp.53-73.

Kobayashi, S., Nishimura, N. and Matsumoto, K., 1987, Displacement and strains around a non-flat-end borehole. Proc. Int. Symp. of Field Measurement in Geomech., pp.1079-1084.

Kulhawy, F.H., 1975, Stress Deformation Properties of Rock and Rock Discontinuities, Engineering Geology, 9, pp.327-350.

Ladanyi, E.Z. and Archambault, G. 1970, Simulation of Shear Behavior of a Jointed Rock Mass, Proc 11th Symp. Rock Mech., AIME, pp.105-125.

Leeman, E.R. and Hayes, D.J., 1966, A technique for determining the complete state of stress in rock using a single borehole, Proc. 1st Cong. Int. Soc. Rock Mech., Lisbon, Lab. Vol.II, pp.17-24.

Leeman, E.R., 1971, The CSIR Doorstopper and triaxial rock stress measuring instruments. Rock Mechanics, Vol.3, pp.25-50.

Lim, H.U. and Lee, C.I., 1986a, In-situ stress measurements of rocks by stress relief method at some location in Korea, Proc. of the Int. Symp. on Rock Stress and Rock Stress Measurements, Stockolm, Sweden, pp.561-568.

Lim, H.U. and Lee, C.I., 1986b, In-situ stress measurements at some different geological formations in Korea, Proc. of Int. Symp. on Engineering in Complex Rock Formations, Beijing, China, pp.121-127.

Lim, H.U. and Lee, C.I., 1995, Fifteen years' experience on rock stress measurements in South Korea, in Proc. Int. Workshop on Rock Stress Measurement at Great Depth, Tokyo, Japan, 8th ISRM Cong., pp.7-12.

Matsuki, K. and Takeuchi, K., 1993, Three-dimensional in situ stress determination by anelastic strain recovery of a rock core, Int. J. Rock Mech. Min. Sci. & Geomech. Abstr., Vol.30, pp.1019-1022.

Obert, L. and Duvall, W.I., 1966, Rock mechanics and the design of structures in rock, John Wiley & Sons, Ins.

Patton, F.D., 1996, Multiple Modes of Shear Failure in Rock, Proc. 1st Congr. Int. Soc. Rock Mech., Lisbon, vol.1, pp.509-513.

Pratt, H.R., Black, A. D. and Brace, W. F., 1974, Friction and deformation of jointed quartz diorite, Proc. 3rd Int. Congr. on Rock Mechanics, Denver, Colorado, Vol. 2A, pp.306-310.

Siegfried, R.W. and Simmons, G., 1978, Characterization of oriented cracks with differential strain analysis. J. Geophys. Res., Vol.83, pp.1269-1278.

Singh, B. and Goel, R.K., 2011, Engineering rock mass classification, Butterworth Heinemann, Edinburgh, p.365.

Song, W.K. and Kwon, K.S., 1988, Initial stress measurements of rocks at main coal field in Korea, J. of the Korean Institute of Mineral and Mining Engineers, Vol.25, pp.393-397.

Strickland, F.G. and Ren, N.K., 1980, Use of differential strain curve analysis in predicting the in-situ stress state for deep wells, Proc. 21st US Symp. Rock Mech., Missouri Rolla, pp.523-532.

Sugawara, K. and Obara, Y., 1995, Rock stress and rock stress measurements in Japan, Proc. Int. Workshop on Rock Stress Measurement at Great Depth, Tokyo, Japan, 8th ISRM Congr., pp.1-6.

Teufel, L.W., 1982, Prediction of hydraulic fracture azimuth from anelastic strain recovery measurements of oriented core, Proc. 23rd US Symp. Rock Mech., Berkeley, pp.238-245.

Terzaghi, K. and Richart, F.E., 1952, Stresses in rock about cavities, Geotechnique, Vol.3, pp.57-90.

Timoshenko, S. and Goodier, J.N. (1951) Theory of Elasticity, 2d., McGraw-Hill, New York.

Vutukuri, V.S. and Katsuyama, K., 1994, Introduction to rock mechanics, Industrial Publishing & Consulting, Inc., Tokyo.

Worotnicki, G., 1993, CSIRO triaxial stress measurement cell, Comprehensive Rock Engineering (ed. J.A. Hudson), Pergamon Press, Oxford, Chapter 13, Vol.3, pp.329-394.

Wyllie, D.C. and Mah, C.W., 2001, Rock slope engineering civil and mining, Spon Press, London, p.431.

Zhang, Q. and Zhao, J., 2014, A Review of Dynamic Experimental Techniques and Mechanical Behaviour of Rock Materials · · Published 1 July 2014 ...Rock Mechanics and Rock Engineering volume 47, 1411-1478.

Zoback, M.L., 1992, First- and second-order patterns of stress in the lithosphere: the World Stress Map Project. J. Geophys. Res., Vol.97, pp.11703-11723.

https://ko.wikipedia.org/wiki/암반역학

찾아보기

저자 소개

강성승(姜聲承)

조선대학교 자원공학과 학사
강원대학교 지구물리학과 석사
일본 Kumamoto University 박사

현) 조선대학교 에너지자원공학과 교수
　　대한지질공학회 부회장
　　한국암반공학회 이사
　　대한화약발파공학회 이사
전) 대한지질공학회 편집위원장

김광염(金光鹽)

서울대학교 자원공학과 학사
서울대학교 자원공학과 석사
서울대학교 지구환경시스템공학부 박사
독일 Helmholtz Potsdam GFZ, Invited Scholar

현) 한국해양대학교 에너지자원공학과 교수
　　한국암반공학회 이사
　　한국자원공학회 이사
　　대한지질공학회 이사
　　대한화약발파공학회 이사

장보안(張普安)

서울대학교 지질학과 학사
서울대학교 지질학과 석사
미국 University of Wisconsin-Madison 박사

현) 강원대학교 지구물리학과 명예교수
전) 대한지질학회 이사
    대한지질공학회 이사, 부회장, 회장
    강원대학교 국제협력본부장, 산학협력단장, 자연과학대학장
    강원대학교 지구물리학과 교수
    IAEG 부회장(Vice President of International Association of Engineering Geology & Environment)

조상호(趙祥鎬)

전북대학교 자원공학과 학사
전남대학교 자원공학과 석사
일본 Hokkaido University, Ph.D.
캐나다 Toronto University, Research Fellow
미국 University of Arizona, Invited Professor
현) 전북대학교 토목환경자원에너지공학부 교수
    한국암반공학회 부회장
    대한화약발파공학회 부회장

암석역학

초판 발행 | 2023년 2월 28일

저자 | 강성승, 김광염, 장보안, 조상호
펴낸이 | 김성배
펴낸곳 | 도서출판 씨아이알

책임편집 | 신은미
디자인 | 송성용, 김민수
제작책임 | 김문갑

등록번호 | 제2-3285호
등록일 | 2001년 3월 19일
주소 | (04626) 서울특별시 중구 필동로8길 43(예장동 1-151)
전화번호 | 02-2275-8603(대표)
팩스번호 | 02-2265-9394
홈페이지 | www.circom.co.kr

ISBN | 979-11-6856-134-2 (93530)